Евгений Складчиков
Татьяна Артюховская
Ирина Панова

Кузнечно-штамповочные машины

Евгений Складчиков
Татьяна Артюховская
Ирина Панова

Кузнечно-штамповочные машины

Расчёт и совершенствование конструкции

LAP LAMBERT Academic Publishing

Impressum / Выходные данные

Bibliografische Information der Deutschen Nationalbibliothek: Die Deutsche Nationalbibliothek verzeichnet diese Publikation in der Deutschen Nationalbibliografie; detaillierte bibliografische Daten sind im Internet über http://dnb.d-nb.de abrufbar.

Библиографическая информация, изданная Немецкой Национальной Библиотекой. Немецкая Национальная Библиотека включает данную публикацию в Немецкий Книжный Каталог; с подробными библиографическими данными можно ознакомиться в Интернете по адресу http://dnb.d-nb.de.

Coverbild / Изображение на обложке предоставлено: www.ingimage.com

Verlag / Издатель:
LAP LAMBERT Academic Publishing
ist ein Imprint der / является торговой маркой
OmniScriptum GmbH & Co. KG
Heinrich-Böcking-Str. 6-8, 66121 Saarbrücken, Deutschland / Германия
Email / электронная почта: info@lap-publishing.com

Herstellung: siehe letzte Seite /
Напечатано: см. последнюю страницу
ISBN: 978-3-659-66961-3

Оглавление

Складчиков Е.Н., Артюховская Т.Ю.

Оптимизация исполнительного механизма вытяжного листоштамповочного пресса простого действия

В качестве главного исполнительного механизма (ГИМ) кривошипных прессов широко применяется кривошипно-ползунный механизм. Его основным достоинством является конструктивная простота. Однако при выполнении операции штамповки во время рабочего хода скорость ползуна меняется в широких пределах, при этом максимум скорости во время рабочего хода имеет место при начале деформирования. В этом случае при вытяжке листового материала возникает опасность разрыва листа из-за вибраций, возникающих в условиях сухого трения в паре "материал-инструмент" при недостатке смазки. Кроме того, изменение скорости инструмента в широком диапазоне приводит к нежелательному изменению силы противодавления гидропневматической подушки [1]. Одним из путей уменьшения скорости деформирования является понижение быстроходности пресса. Однако при этом снижается его производительность. Другим путём уменьшения скорости деформирования при сохранении быстроходности пресса является применение многозвенного исполнительного механизма в качестве главного.

В настоящее время отсутствуют регулярные методы проектирования многозвенных исполнительных механизмов.

Существующая методика проектирования включает в себя:

1. разработку (привлечение из числа известных) кинематической схемы,
2. назначение размерных параметров,
3. оценку результатов проектирования.

При неудовлетворительном результате процесс проектирования повторяется с возвратом к п. 2.

Известные кинематические схемы многозвенных исполнительных механизмов ГИМ отличаются большим разнообразием [2]. На рис. 1 показан один из вариантов многозвенного исполнительного механизма листоштамповочного пресса простого действия в двухкривошипном исполнении с номинальной силой 19 МН, в двух положениях: слева – при верхнем положении ползуна,

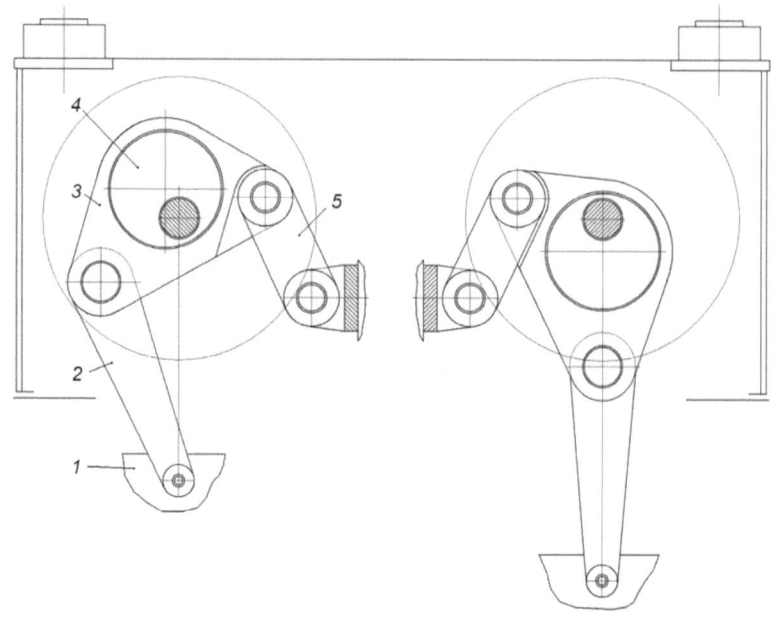

Рис. 1

1 – ползун, 2 – шатун, 3 – коромысло, 4 – кривошип, 5 – поводок

справа – при нижнем положении ползуна. Ход ползуна пресса - 0,8м, быстроходность - 20 ходов в минуту. На рис. 2 показана кинематическая схема механизма для верхнего положения ползуна. Графики перемещения и скорости ползуна этого пресса показаны на рис. 3. Они получены средствами математического моделирования, которое более подробно будет рассмотрено ниже. Для сравнения скоростных характеристик прессов с многозвенным и кривошипно-ползунным исполнительными механизмами на этом же графике показана кривая изменения скорости ползуна пресса с кривошипно-ползунным исполнительным механизмом при той же быстроходности и при том же ходе ползуна. Графики перемещения ползуна выведены под именем SP со значениями 0 м и -1 м на верхней и нижней границах графика, графики скорости ползуна выведены под именем VP со значениями 2 м/с и -2 м/с на верхней и нижней границах графика.

4

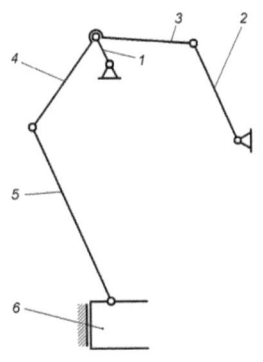

Рис. 2

1–кривошип, 2–поводок, 3–плечо коромысла, 4 – второе плечо коромысла, 5–шатун, 6 – ползун

Сравнение скоростных характеристик выполняется на участке рабочего хода пресса, который выбран в диапазоне 0,8H - H, где H – ход ползуна. Согласно этим графикам применение многозвенного исполнительного механизма действительно уменьшает скорость ползуна в начале рабочего хода. Так скорость ползуна кривошипно-ползунного механизма при начале рабочего хода ползуна (0,8H, 0,64м) составила 0,705 м/с. Скорость ползуна многозвенного исполнительного механизма при том же положении ползуна составила 0,503 м/с, что на 29% меньше скорости ползуна кривошипно-ползунного механизма. Однако скорость ползуна на участке рабочего хода остаётся переменной и притом изменяющейся в широких пределах от 0 до 0,503 м/с.

Описанная методика проектирования многозвенных исполнительных механизмов отличается трудоёмкостью, поскольку предполагает большое число возвратов к п. 2. Этот пункт выполняется на основе интуиции проектировщика, и получение удовлетворительного результата проектирования зависит от его удачливости. Но и при получении удовлетворительного результата последний в большинстве случаев не будет наилучшим, так как получение последнего связано с нереально большим количеством возвратов к п. 2.

Привлечение оптимизации при проектировании многозвенных исполнительных механизмов позволяет получать наилучшие проектные решения, обеспечивающие значительное уменьшение скорости ползуна и её постоянство на рабочем ходе, делает методику проектирования регулярной и резко уменьшает её трудоёмкость.

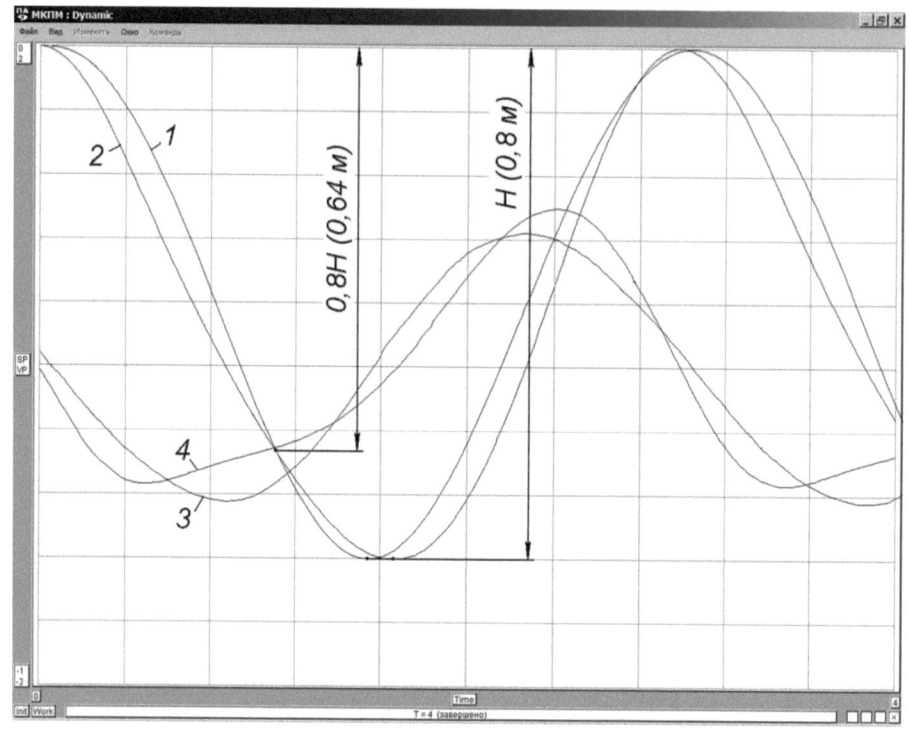

Рис. 3

*1 – график перемещения ползуна кривошипно-ползунного механизма,
2 – график перемещения ползуна многозвенного исполнительного механизма, 3 – график скорости ползуна кривошипно-ползунного механизма, 4 - график скорости ползуна многозвенного исполнительного механизма.*

В качестве примера рассматривается параметрическая оптимизация многозвенного исполнительного механизма упомянутого пресса. Для её осуществления в среде программного комплекса анализа динамических систем Ра9 [2] разработана математическая модель этого механизма. Её топология показана на рис. 4. Поэлементное соответствие кинематической схемы по рис. 2 и топологии по рис. 4 показано в таблице 1.

Шарниры, соединяющие звенья по рис. 2, на рис. 4 обозначены: "ОПОРА КРИВОШИПА", "ШАРНИР 1-3", "ШАРНИР 2-3", "ОПОРА ПОВОДКА", "ШАРНИР 4-5", "ПОЛЗУННАЯ ГОЛОВКА ШАТУНА". Цифровые обозначе-

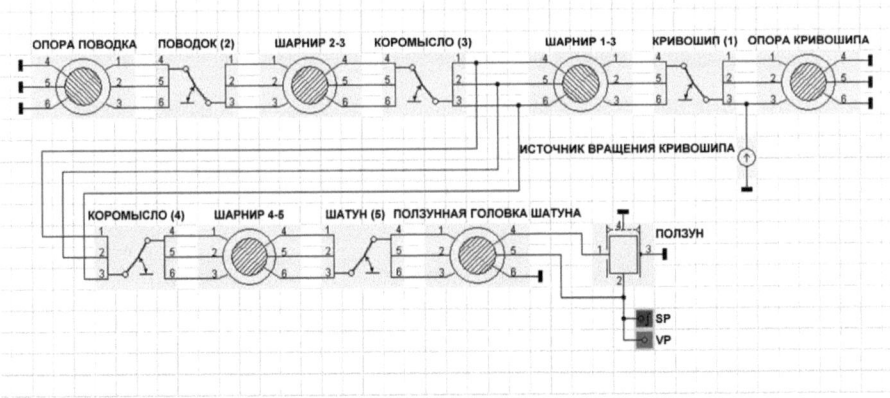

Рис. 4

Таблица 1

Номер элемента на кинематической схеме по рис. 2	Обозначение элемента на топологии по рис. 4
1	КРИВОШИП (1)
2	ПОВОДОК (2)
3	КОРОМЫСЛО (3)
4	КОРОМЫСЛО (4)
5	ШАТУН (5)
6	ПОЛЗУН

ния в названиях шарниров указывают на номера соединяемых ими звеньев.

Графики перемещения и скорости ползуна кривошипно-ползунного и многозвенного исполнительных механизмов, показанные на рис. 3, получены с помощью описанной математической модели.

Параметрическая оптимизация выполнена методом Нелдера-Мида (деформируемого многогранника) [3]. В качестве параметров оптимизации выбраны геометрические параметры кинематической схемы многозвенного исполнительного механизма, соответствующие исходному положению механизма (ползун пресса в верхнем положении). Они приведены в таблице 2. Критерием оптимизации выбран максимум скорости ползуна на участке 0,8H - H хода ползуна, принятого в качестве участка рабочего хода. Изменение параметров кинематической схемы по результатам оптимизации приведено в таблице 2. Из

7

таблицы видно, что линейные размеры элементов изменяются в относительно небольших пределах и это не приведёт к трудностям конструктивного характера при реализации соответствующего проектного решения. Графики перемещения и скорости ползуна многозвенного исполнительного механизма по результатам оптимизации показаны на рис. 5.

Таблица 2

Номер элемента на кинематической схеме по рис. 2	Исходное проектное решение механизма		По результатам оптимизации	
	Длина элемента, мм	Угловое положение элемента, рад	Длина элемента, мм	Угловое положение элемента, рад
1	260,0	2.015	304,0	2.064
2	900,0	2.020	950,0	2.019
3	825,0	0.089	618,9	0.114
4	930,0	4.089	908,0	4.130
5	1725,0	-1.142	1767,0	-1.151

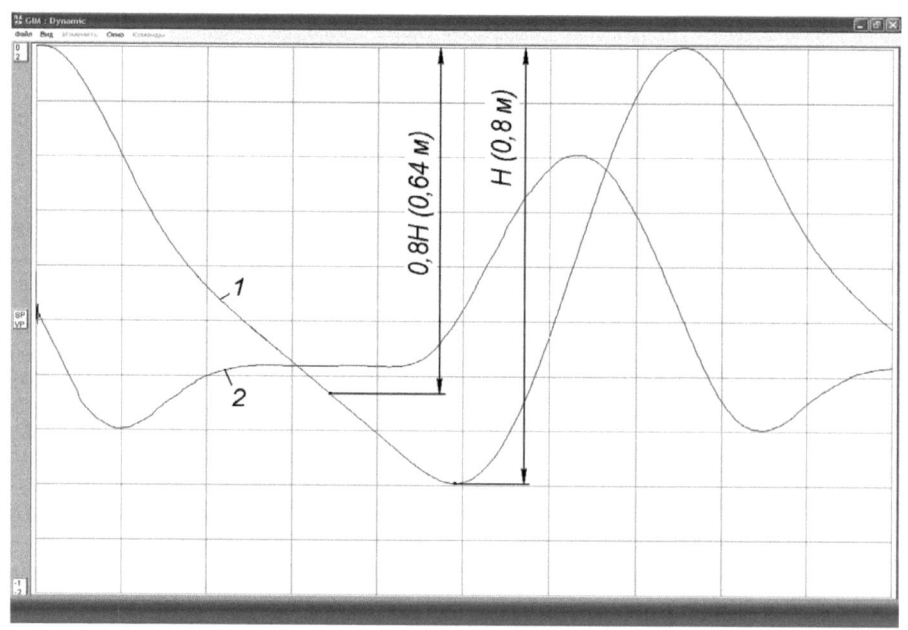

Рис. 5

1 – *график перемещения ползуна многозвенного исполнительного механизма*, 2 – *график скорости ползуна многозвенного исполнительного механизма.*

Согласно полученным результатам оптимизации скорость ползуна в начале рабочего хода равна 0,326 м/с, что на 35% меньше скорости ползуна неоптимизированного многозвенного исполнительного механизма и на 53% (более, чем в два раза) меньше скорости ползуна кривошипно-ползунного исполнительного механизма. На графике появился участок с практически постоянной скоростью 0,326 м/с в интервале перемещения ползуна 0,523 м – 0,746 м (0,65Н – 0,93Н). Это позволит стабилизировать силу противодавления гидропневматической подушки практически на всём рабочем ходе операции вытяжки.

Основные выводы.

1. Привлечение параметрической оптимизации при проектировании многозвенных исполнительных механизмов позволяет получить наилучшие результаты в части минимизации и обеспечения постоянства скорости ползуна на участке рабочего хода.

2. Привлечение параметрической оптимизации при проектировании многозвенных исполнительных механизмов позволяет существенно уменьшит затраты времени и труда проектировщика.

3. Изготовление прессов с улучшенным многозвенным исполнительным механизмом не связано с дополнительными капитальными затратами.

Литература

1. Свистунов В.Е. Кузнечно-штамповочное оборудование. Кривошипные прессы: Учебное пособие. – М.: МГИУ, 2008. – 704 с.

2. Живов Л.И., Овчинников А.Г., Складчиков Е.Н. Кузнечно-штамповочное оборудование: Учебник для вузов/Под ред. Л.И. Живова. – М.: Изд-во МГТУ им. Н.Э. Баумана, 2006. – 560 с.

3. Системы автоматизированного проектирования: В 9-ти кн. Кн. 5 Автоматизация функционального проектирования6 Учеб. пособие для втузов/П.К.Кузьмик, В.Б.Маничев; Под ред. И.П.Норенкова. – М.: Высш. Шк.,1986. – 144 с.

——— ooo ———

Складчиков Е.Н.

Оптимизация пуска привода кривошипных прессов.

Главный привод кривошипных прессов (рис.1) в большинстве случаев содержит двигатель 1, ремённую передачу 2 и маховик 3. На рисунке показаны также зубчатая передача 4, кривошип 5, шатун 6, ползун 7, заготовка 8 тормоз 9 и муфта включения 10. Маховик обеспечивает необходимой энергией процесс деформирования заготовки, который по времени составляет относительно малую часть цикла работы пресса. При этом маховик отдаёт часть запасённой кинетической энергии [1]. В качестве двигателя часто применяется асинхронные двигатели ввиду их конструктивной простоты, надёжности и невысокой стоимости.

Перед началом штамповки выполняется пуск привода, в котором осуществляется разгон маховика и сообщение ему необходимого запаса кинетической энергии. Для тяжёлых и средних прессов время разгона маховика может составлять несколько минут. У асинхронных двигателей с короткозамкнутым ротором пусковой ток может в 5-7 раз превосходить ток номинального режима. В этом случае тепловыделение в двигателе возрастает, соответственно в 25-49 раз по сравнению с номинальным режимом. Это исключает возможность прямого пуска двигателя с короткозамкнутым ротором, поскольку в этом случае двигатель при разгоне маховика выходит из строя из-за перегрева. Пусковой момент асинхронного двигателя имеет пониженное значение [1], что увеличивает продолжительность разгона привода в режиме повышенного тепловыделения. Кроме того, асинхронный двигатель имеет максимум КПД в области номинального режима и существенно меньшее его значение в иных режимах, в том числе и в пусковом. Это приводит к существенным бесполезным затратам энергии при разгоне привода. Ввиду сказанного в качестве двигателя главного привода тяжёлых и средних прессов применяют асинхронные двигатели с фазным ротором, в электрическую цепь которого подключаются добавочные сопротивления. При этом появляется возможность осуществления ступенчатого пуска, когда на каждой ступени пуска в течение определённого времени в цепь фазного ротора включается постоянное по величине добавочное сопротивление. Это приводит к существенному уменьшению пусковых токов и перегрева двигателя, к повышению пускового момента [1,2] и уменьшению времени разгона маховика.

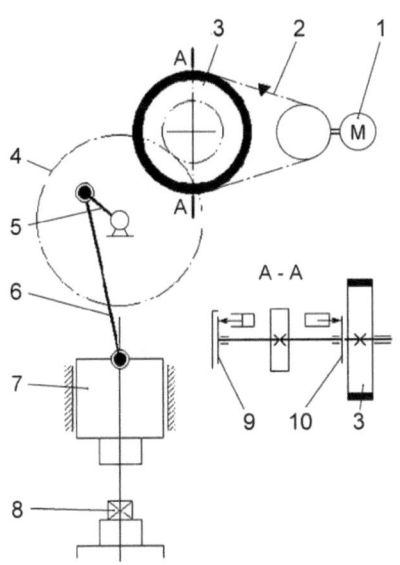

Рис. 1

Чаще всего применяется трёхступенчатый пуск привода. Однако величины добавочных сопротивлений на каждой ступени пуска и продолжительность каждой ступени пуска выбираются без достаточного обоснования [2]. Процесс пуска привода кривошипного пресса может быть оптимизирован надлежащим выбором добавочных сопротивлений и продолжительности разгона маховика на каждой ступени пуска. Оптимизация может быть выполнена по нагреву двигателя при пуске, затратам энергии при пуске и общему времени пуска. В качестве примера рассмотрена оптимизация пуска привода кривошипного горячештамповочного пресса с номинальной силой 25МН, на котором в качестве двигателя главного привода установлен асинхронный двигатель с фазным ротором мощностью 160 КВт и частотой вращения 960 об/мин., маховик с моментом инерции 2000 кг*м^2 и ремённая передача i=3,05.

Для выполнения оптимизации пуска привода кривошипного пресса в среде программного комплекса анализа динамических систем Ра9 (ПК Ра9) [3] создана математическая модель привода названного пресса, топология которой приведена на рис. 2. Математическая модель разработана для случая трёхступенчатого пуска. Для этого в модель привода пресса включены три модели асинхронного двигателя 4А355S6У3 – DV1, DV2, DV3, каждая из которых "включается" на одной из ступеней разгона, но в совокупности они представляют собой один двигатель. Величина добавочного сопротивления на каждой ступени разгона вводится как параметр соответствующей модели двигателя. Напряжение питания каждой модели двигателя задаётся параметрами элементов UN1-UN3, продолжительность подачи напряжения (время разгона на каждой из ступеней) – параметрами элементов T1-T3. Вывод на графики процесса разгона осуществляется: потребляемой энергии – индикаторами AVH1-AVH3, частоты вращения двигателя – индикатором WD, момента двигателя – индикаторами MD1-MD3, подачи напряжения на двигатель на различных ступенях пуска - индикаторами UN1-UN3. Нагрев двигателя оценивался величиной эквивалентного (греющего) тока [4]. Она определялась с помощью индикаторов EQVTOK1-EQVTOK3. Операторы Init, Dynamic, Out, Define, Opti осуществляют расчёт процесса и оптимизацию разгона. Разгон считался оконченным по достижении двигателем своей номинальной частоты вращения – 960 об/мин.

Оптимизация выполнялась методом Нелдера-Мида (деформируемого многогранника) [5]. Начальные значения добавочных сопротивлений приняты нулевыми, что соответствует разгону маховика в условиях прямого пуска; продолжительностей разгона на первой и второй ступенях - равными соответственно 1,2 и 0,8 с. Графики процесса оптимизированного по эквивалентному току пуска привода пресса показаны на рис. 3. Результаты оптимизации по нагреву двигателя при пуске, затратам энергии при пуске и общему времени пуска приведены в таблице. Нагрев двигателя оценивался через эквивалентный (греющий) ток [4].

Полученные результаты показывают, что оптимизация пуска привода по времени разгона маховика позволяет сократить время разгона с 27,3с до 11,24с с одновременным уменьшением затрат энергии с 4405,93 КДж до 2722,60 КДж и эквивалентного (греющего) тока с 60.34 до 14.01 А.

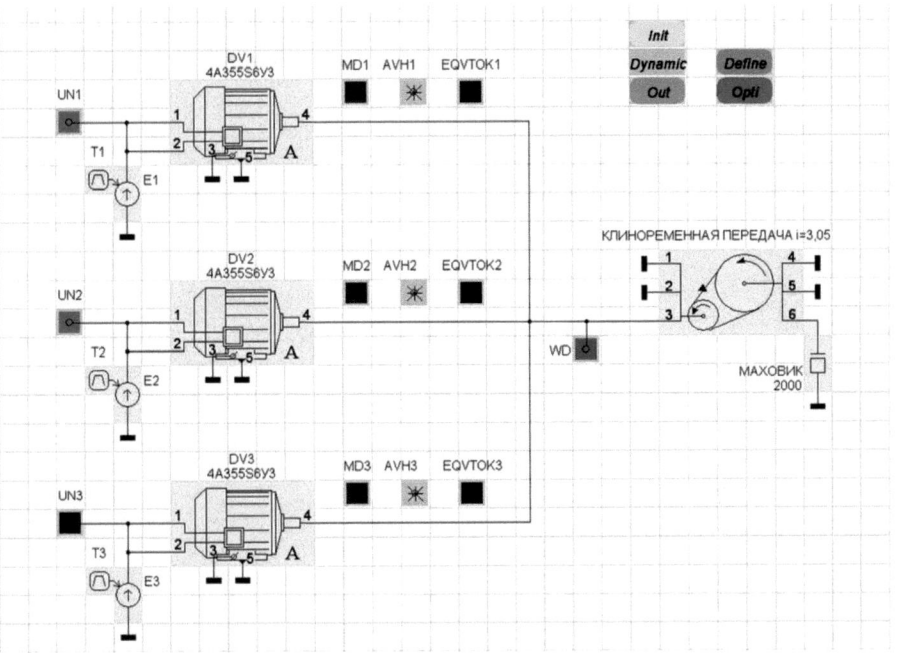

Рис. 2.

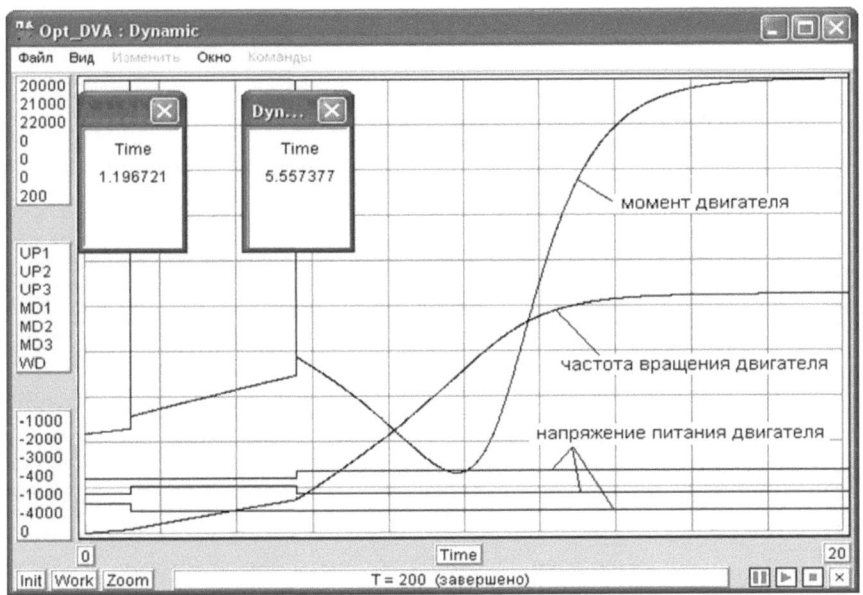

Рис. 3.

Оптимизация	Добавочное сопротивление, Ом			Время разгона маховика, с			Общее время разгона маховика, с	Затраты энергии, КДж	Эквивалентный ток, А (нагрев двигателя)
	1-я ступ.	2-я ступ.	3-я ступ.	1-я ступ.	2-я ступ.	3-я ступ.			
До оптимизации	0	0	0	1,2	0,8	25,30	27,30	4405,93	60.34
По времени разгона маховика	1.11	0.017	0	2.77	8.47	0	**11,24**	2722,60	14.01
По затратам энергии	0.074	0.237	0	17.4	0.510	0	17.96	**2538,40**	53.67
По эквивалент-ному то-ку	0,996	0,403	0,012	1,19	4,37	7,38	12,94	2754,01	**10.47**

Оптимизация пуска привода по затратам энергии позволяет уменьшить затраты энергии до 2538,40 КДж, время разгона маховика – до 17.96 с, эквивалентный ток – до 53.67 А.

Оптимизация пуска привода по эквивалентному току позволяет уменьшить эквивалентный ток – до 10.47 А, уменьшить затраты энергии до 2754,01 КДж, время разгона маховика – до 12,94 с.

Основные выводы.

1. Оптимизация пуска привода пресса позволяет без дополнительных ка-капитальных затрат существенно улучшить показатели пуска в части продолжительности пуска, затрат энергии и нагрева двигателя.

2. Предпочтительным является пуск привода пресса в режимах оптимального времени разгона маховика и оптимального эквивалентного тока, так как они близки по полученным результатам в части экономии энергии, уменьшения нагрева двигателя и сокращения времени пуска. При этом время пуска сокращается более, чем в два раза, затраты энергии - на 38% и 37%, эквивалентный ток – в 4,3 и 5,7 раза, соответственно.

Литература

1. Харизоменов И.В. Электрооборудование кузнечно-штамповочных машин. – М.: Высшая школа, 1970. – 188 с.

2. Церна И.А., Пасхалов А.С., Гунин А.В. Электрооборудование машин кузнечно-прессового производства: Учебное пособие. – Ростов-на-Дону: ООО "Мини Тайп", 2011. – 128 стр.

3. Живов Л.И., Овчинников А.Г., Складчиков Е.Н. Кузнечно-штамповочное оборудование: Учебник для вузов/Под ред. Л.И. Живова. –М.: Изд-во МГТУ им. Н.Э. Баумана, 2006. – 560 с.

4. Электрооборудование кузнечно-прессовых машин: Справочник/В.Е. Стоколов, Г.С.Усышкин, В.М. Степанов и др.- М.: Машиностроение, 1981. – 304 с.

5. Системы автоматизированного проектирования: В 9-ти кн. Кн. 5 Автоматизация функционального проектирования6 Учеб. пособие для втузов/П.К.Кузьмик, В.Б.Маничев; Под ред. И.П.Норенкова. – М.: Высш. Шк., 1986. – 144 с.

——— ооо ———

Складчиков Е.Н., Панова И.А.

Предохранительное устройство для кривошипного пресса

Большой запас кинетической энергии маховика и жёсткость хода ползуна кривошипных прессов могут вызвать значительную перегрузку пресса по силе и привести к катастрофическим последствиям с разрушением элементов пресса. В [1] описано самовосстанавливающееся гидравлическое предохранительное устройство в виде гидравлического цилиндра, соединяющего шатун главного исполнительного механизма с ползуном. Рабочее давление в цилиндре создаётся насосной установкой. Такое устройство затруднительно использовать в средних и тяжёлых кривошипных горячештамповочных прессах с учётом необ-

15

ходимости подвода напорной гидромагистрали к подвижному элементу - ползуну пресса. Необходимость отдельной насосной установки создаёт дополнительные трудности её размещения.

В настоящей работе описывается самовосстанавливающийся гидравлический предохранитель для КГШП не требующий наличия отдельной насосной установки. Предохранитель предназначен для ограничения силы на ползуне пресса при случайных перегрузках по причине попадания в штамп сдвоенных заготовок или посторонних предметов, ошибок при регулировке высоты штампового пространства, штамповки переохлаждённой заготовки и др. [2].

Гидрокинематическая схема предохранителя показана на рис. 1. Предохранитель (рис.1а) представляет собой гидравлический (рабочий) цилиндр плунжерного типа, встроенный в ползун 1 кривошипного пресса и смонтированный на ползуне насос, приводимый в действие от движения ползуна. Плунжер 2 цилиндра шарнирно соединён с шатуном 3 главного исполнительного механизма пресса.

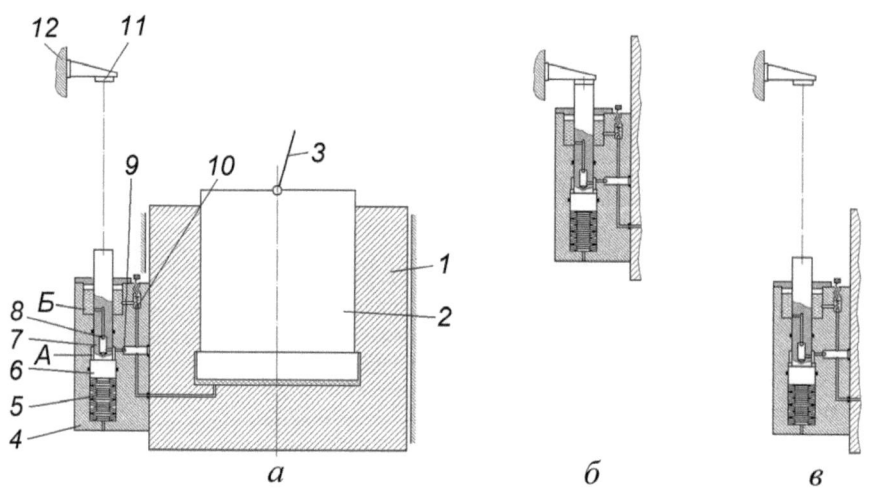

Рис. 1 Гидрокинематическая схема предохранителя
    а – до зарядки
    б – в процессе зарядки
    в – после зарядки

Насос представляет собой размещённый в корпусе 4 поршень 6 со штоком 7 и всасывающим клапаном 8. Штоковая полость А насоса является его рабочей полостью. В верхней части корпуса насоса размещён резервуар Б с запасом рабочей жидкости. Поршень насоса подпружинен пакетом тарельчатых пружин 5, размещенным в поршневой полости насоса. Последняя соединена с атмосферой и не является рабочей. В магистрали, соединяющей штоковую полость А насоса с полостью рабочего цилиндра, установлен нагнетательный клапан 9. В корпусе насоса установлен настроечный клапан 10, соединяющий полость рабочего цилиндра со сливной магистралью. Шток поршня своей торцевой частью может взаимодействовать с упором 11, смонтированном на станине 12 пресса. Это взаимодействие имеет место в конце хода ползуна вверх.

Перед началом штамповки в рабочем цилиндре необходимо создать расчётное давление, обеспечивающее гидравлическую силу равную_номинальной силе пресса, т.е. "зарядить" рабочий цилиндр. Для этого выполняется несколько холостых ходов пресса без штамповки поковок. В конце каждого хода ползуна вверх (рис.1б) шток поршня насоса достигает упора 11 на станине 12 и останавливается. Корпус насоса вместе с ползуном продолжает движение вверх, что приводит к сжатию пружины насоса. При этом объём штоковой полости насоса увеличивается, что приводит к всасыванию рабочей жидкости через всасывающий клапан из резервуара Б. При последующем движении ползуна и насоса вниз шток поршня выходит из контакта с упором и пружина насоса создаёт давление жидкости, которое передаётся в полость рабочего цилиндра предохранителя.

По мере повышения давления жидкости в рабочем цилиндре и штоковой полости насоса пружина при движении ползуна вниз распрямляется неполностью. По окончании зарядки рабочего цилиндра (рис. 1в) пружина остаётся в сжатом состоянии и шток поршня насоса, опускаясь вниз, перестаёт взаимодействовать с упором на станине. При этом достигается расчётное давление, которое определяется параметрами пружины насоса и рабочей площадью его штоковой полости.

Работа данного предохранителя ничем не отличается от работы известных гидравлических предохранителей кривошипных прессов. При возникновении нештатной ситуации и перегрузке пресса в полости рабочего цилиндра предохранителя повышается давление жидкости, что приводит к открытию настроечного клапана 10 и перетеканию части жидкости из рабочего цилиндра в резервуар Б. Ползун пресса останавливается, а плунжер рабочего цилиндра, соединённый с шатуном может закончить движение вниз без значительного увеличения силы на ползуне.

Работа предохранительного устройства проверялась путём математического моделирования. Моделирование выполнялось в среде программного комплекса анализа динамических систем Па9 [3]. На рис. 2 показана топология модели кривошипного горячештамповочного пресса (номинальная сила - 10 МН, ход ползуна – 250 мм, число ходов в минуту – 40) с описываемым предохранительным устройством. Рабочее давление жидкости предохранительного устройства – 50 МПа. Диаметр плунжера рабочего цилиндра – 0,505 м. При принятом значении рабочего давления жидкости предохранительного устройства последняя будет иметь значительные объёмные деформации, что приводит к увеличению продолжительности "зарядки". Поэтому в качестве рабочей жидкости целесообразно использовать глицерин, поскольку он обладает малой сжимаемостью и к тому же безопасен в пожарном отношении. Поэлементное соответствие гидрокинематической схемы (рис. 1а) и топологии (рис. 2) показано в таблице 1. На рис. 3-5 показаны результаты математического моделирования работы предохранительного устройства в режимах зарядки, срабатывания и последующей зарядки после срабатывания. На рис. 3 показаны графики перемещения ползуна, перемещения штока насоса, давления жидкости в рабочем цилиндре и осадки пружины при зарядке предохранительного устройства.

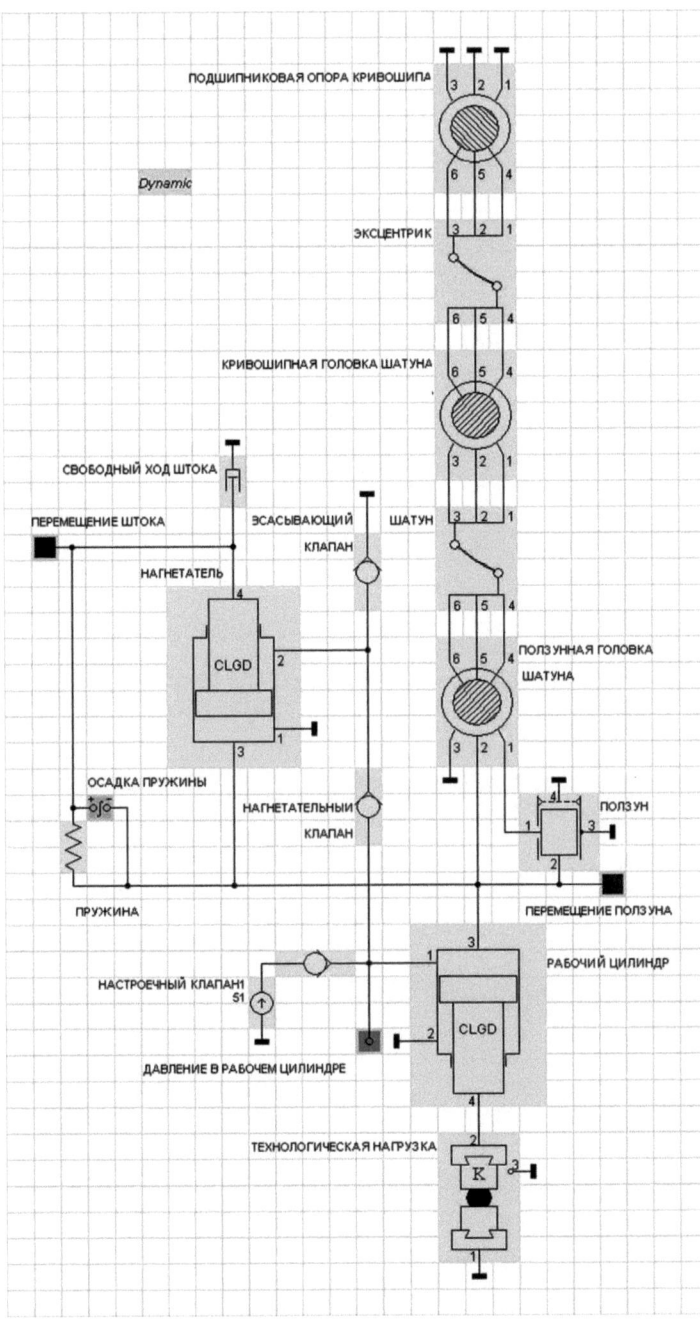

Рис. 2

19

Таблица 1

Номер элемента на схеме	Элемент	Обозначение элемента на топологии	Имена привлеченных моделей [3]
-	Привод кривошипа	ПРИВОД КРИВОШИПА	VU
-	Подшипниковая опора кривошипа	ПОДШИПНИКОВАЯ ОПОРА КРИВОШИПА	SHARN2
-	Эксцентрик (кривошип)	ЭКСЦЕНТРИК	Шатун
-	Кривошипная головка шатуна	КРИВОШИПНАЯ ГОЛОВКА ШАТУНА	SHARN2
3	Шатун	ШАТУН	Шатун
-	Ползунная головка шатуна	ПОЛЗУННАЯ ГОЛОВКА ШАТУНА	SHARN2
1	Ползун	ПОЛЗУН	NPR
11	Упор штока насоса	СВОБОДНЫЙ ХОД ШТОКА	UPRL
4,6,7	Насос	НАГНЕТАТЕЛЬ	CLGD
8	Всасывающий клапан насоса	ВСАСЫВАЮЩИЙ КЛАПАН	KLOBGD
9	Нагнетательный клапан насоса	НАГНЕТАТЕЛЬНЫЙ КЛАПАН	KLOBGD
5	Пакет тарельчатых пружин	ПРУЖИНА	K
10	Настроечный клапан	НАСТРОЕЧНЫЙ КЛАПАН	V,KLOBGD
2	Рабочий цилиндр	РАБОЧИЙ ЦИЛИНДР	CLGD
-	Сила на ползуне	ТЕХНОЛОГИЧЕСКАЯ НАГРУЗКА	TNGK

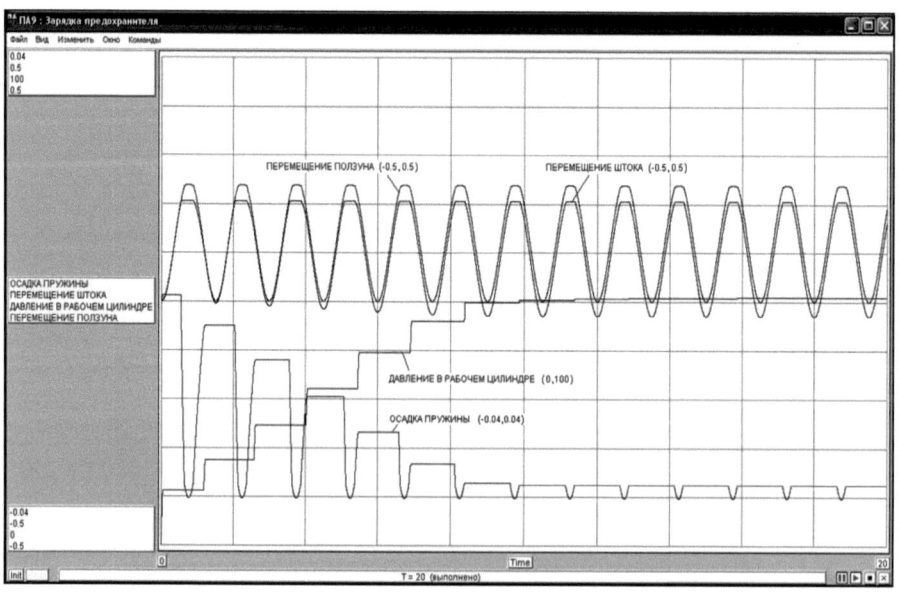

Рис. 3

Масштабы переменных задаются их числовыми значениями на верхней и нижней границах поля графиков и указаны в верхнем и нижнем окне в левой части рисунка. Из графиков следует, что зарядка предохранительного устройства до рабочего давления осуществляется за 12 ходов ползуна. По мере выполнения зарядки происходит увеличение осадки пружины, а шток с каждым ходом ползуна занимает всё более низкое положение, в результате чего он перестаёт достигать упора 11 при перемещении ползуна вверх и зарядка как таковая прекращается.

На рис. 4 показаны графики перемещения ползуна, давления жидкости в рабочем цилиндре, силы на ползуне и осадки пружины при перегрузке пресса и срабатывании предохранителя. В качестве причины перегрузки принята ошибка при регулировке штамповой высоты пресса, когда последняя установлена меньше высоты штампа. Результаты моделирования показаны для случая ошибки регулировки равной 10 мм. При этом пресс оказался нагруженным силой 10,87 МН, что на 8,7% больше номинальной силы. Результаты моделирования для других значений ошибки регулировки штамповой высоты приведены

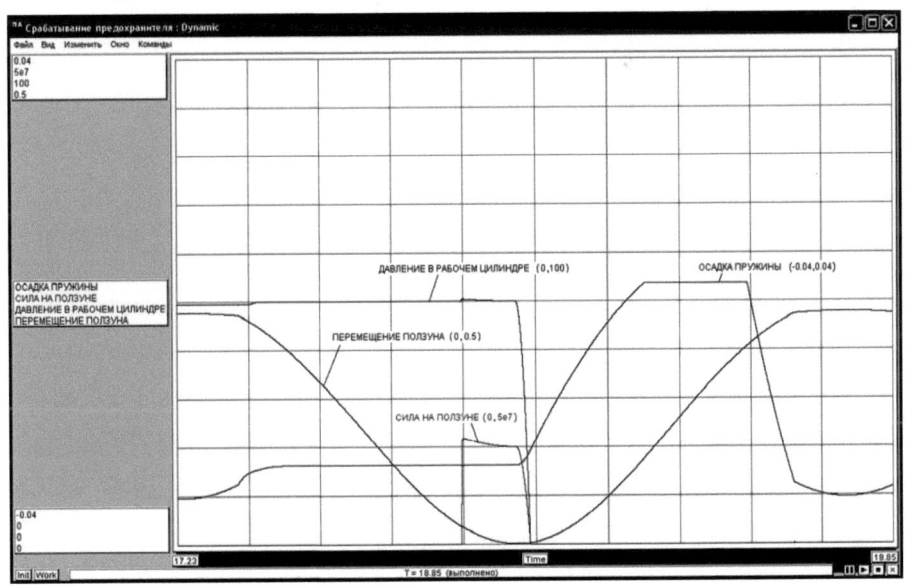

Рис. 4

в таблице 2, графики зависимости перегрузки пресса ΔP от величины ошибки регулировки штамповой высоты Δ – на рис. 5.

Таблица 2

	Ошибка наладки, мм	Сила на ползуне, МН	Перегрузка, %
1	1,0	10,45	4,5
2	2,5	10,53	5,3
3	5,0	10,64	6,4
4	7,5	10,76	7,6
5	10,0	10,87	8,7

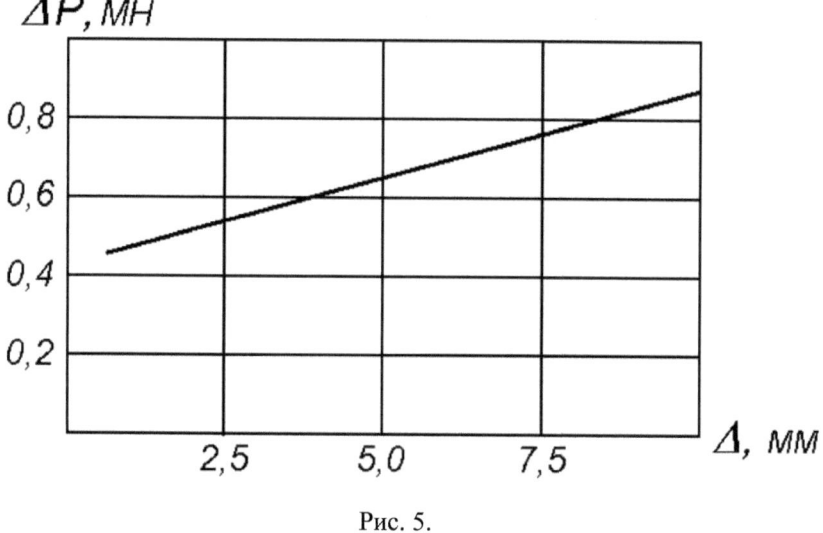

Рис. 5.

На рис. 6 показаны те же графики, что и на рис. 3 при срабатывании предохранительного устройства и последующей его зарядки после срабатывания. Из приведённых графиков следует, что после срабатывания предохранительного устройства при выполнении ползуном нескольких ходов без штамповки происходит его новая зарядка, что подтверждает возможность самовосстановления предохранительного устройства.

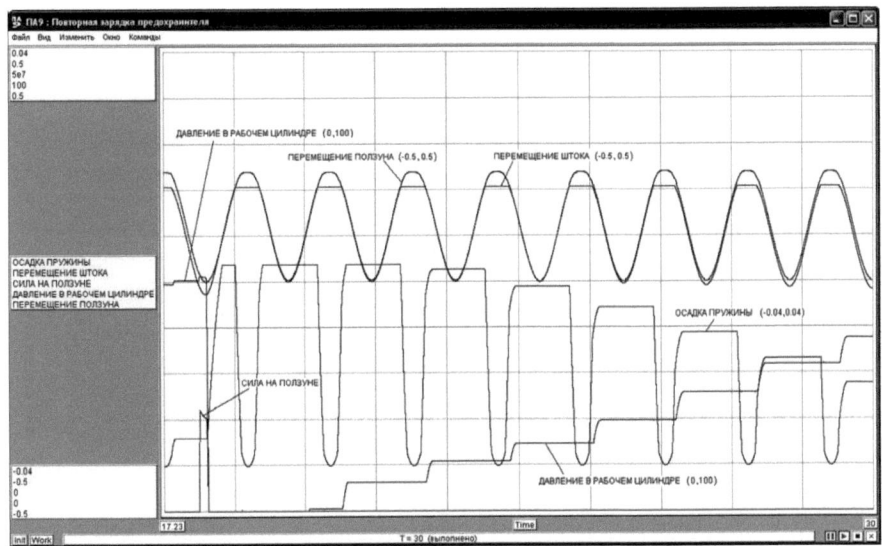

Рис. 6

Основные выводы.

1. Описанное предохранительное устройство обеспечивает приемлемую величину перегрузки кривошипных горячештамповочных прессов.

2. Предохранительное устройство обладает способностью самовосстановления после срабатывания при перегрузке.

Литература

1. Кузнечно-штамповочное оборудование: Учебник для машиностроительных вузов/ А.Н. Банкетов, Ю.А.Бочаров, Н.С.Добринский и др.; Под ред. А.Н.Банкетова, Е.Н. Ланского.-М.: Машиностроение, 1982.

2. Свистунов В.Е. Кузначно-штамповочное оборудование. Кривошипные прессы. Учебное пособие.- М: МГИУ, 2008.

3. Живов Л.И. Овчинников А.Г., Складчиков Е.Н. Кузнечно-штамповочное оборудование: Учебник для вузов/Под ред. Л.И. Живова.- М.: Изд-во МГТУ им. Н.Э.Баумана, 2006.

——— ооо ———

Складчиков Е.Н.

Применение частотных преобразователей напряжения для привода кривошипных прессов

Кривошипные прессы являются основным видом штамповочного оборудования, используемом в автомобильном, сельскохозяйственном машиностроении, приборостроении, других отраслях промышленности [1].

Особенностью конструкции кривошипных прессов является наличие в его приводе маховика, который за счёт расхода своей кинетической энергии покрывает энергетические потребности при выполнении технологической операции. Запас кинетической энергии маховика $A_M = \dfrac{J_M \omega_M^2}{2}$, где J_M и ω_M – момент инерции и частота вращения маховика, соответственно. Однако, доля кинетической энергии маховика, используемой для выполнения операции равная $\Delta A_M = \dfrac{J_M}{2}(\omega_{M\,max}^2 - \omega_{M\,min}^2)$, составляет не более 20-30%. Остающаяся часть энергии маховика, составляющая 70-80%, является "энергетическим балластом". Причиной этого является то, что маховик кинематически связан с двигателем главного привода, в качестве которого часто используется асинхронный двигатель. Последний по своим свойством не допускает значительного уменьшения своей частоты вращения, и, соответственно, частоты вращения маховика. Это вынуждает увеличивать момент инерции маховика, его массу и габаритные размеры. Ограничения максимальной окружной скорости маховика вынуждает обеспечивать его требуемый момент инерции за счёт увеличения ширины маховика, что дополнительно увеличивает его массу. Значительная сила тяжести маховика создает трудности обеспечения надлежащей прочности вала, на котором он устанавливается.

Момент инерции маховика и его масса могут быть уменьшены путём увеличения отдаваемой доли его кинетической энергии. Однако простое увеличение доли кинетической энергии, отдаваемой маховиком путём уменьшения минимальной частоты вращения маховика $\omega_{M\,min}$ и, соответственно, минимальной частоты вращения двигателя $\omega_{min} = i\omega_{Mmin}$ (i – передаточное число передачи "двигатель-маховик"), приводит к недопустимому увеличению скольжения двигателя и, как следствие - к его механической, электрической и тепловой перегрузке, сокращению срока его службы. При этом скольжение двигателя $\Delta\omega = \omega_0 - \omega$, где ω_0 – частота вращения магнитного поля асинхронного двигателя, ω - текущее значение частоты вращения ротора двигателя.

Одним из путей преодоления указанных недостатков является применение для питания двигателя главного привода кривошипных прессов напряжения питания изменяемой частоты f [2]. Как известно, частота вращения магнитного поля двигателя $\omega_0 = \dfrac{2\pi f}{p}$, где p – число пар полюсов асинхронного двигателя. Таким образом, изменение частоты питающего напряжения f дает возможность изменять желательным образом частоту вращения магнитного поля двигателя ω_0 в течение цикла работы пресса. Уменьшение частоты вращения магнитного поля двигателя ω_0 вслед за уменьшением частоты вращения ротора двигателя ω позволит практически без ограничений уменьшать ω_{min} и ω_{Mmin} и, соответственно, отдаваемую маховиком долю кинетической энергии. При этом скольжение асинхронного двигателя не превышает допустимого, снижаются токовые и тепловые нагрузки, повышается КПД двигателя, уменьшается потребление электрической энергии.

Простейшим законом изменения частоты питающего напряжения привода кривошипных прессов является закон постоянства скольжения двигателя $\Delta\omega = \omega_0 - \omega = \text{const}$. Гибкость изменения частоты напряжения, обеспечиваемая современными частотными преобразователями, позволяет оптимизировать работу привода кривошипных прессов путем выбора иных, более сложных законов изменения частоты питающего напряжения.

Анализ работы кривошипного пресса с частотным управлением приводом и оптимизация его работы выполнена с привлечением программного комплекса анализа динамических систем Pa9 (ПК Pa9) [1,3]. В качестве объекта анализа выбран кривошипный горячештамповочный пресс (КГШП) с номинальной силой 25МН. Конструктивная схема пресса показана на рис. 1. Он содержит асинхронный двигатель 1 главного привода, клиноремённую передачу 2, маховик 3, приводной вал 4, зубчатую передачу 5, эксцентриковый вал 6 с эксцентриком 7, смонтированный в подшипниковых опорах 8 и 9, шатун 10, ползун 11, муфту включения 12, тормоз эксцентрикового вала 13. Шатун сочленён с эксцентриком эксцентрикового вала и с ползуном шарнирами 14 и 15, соответственно. Ползун смонтирован в направляющих 16 и имеет дополнительную направляющую 17. Все названные части смонтированы на базовом элементе – станине, включающей стол пресса 18. Деформирование заготовки осуществляется при ходе ползуна вниз инструментом, состоящем из двух частей, одна из которых закреплена к ползуну, другая – к столу.

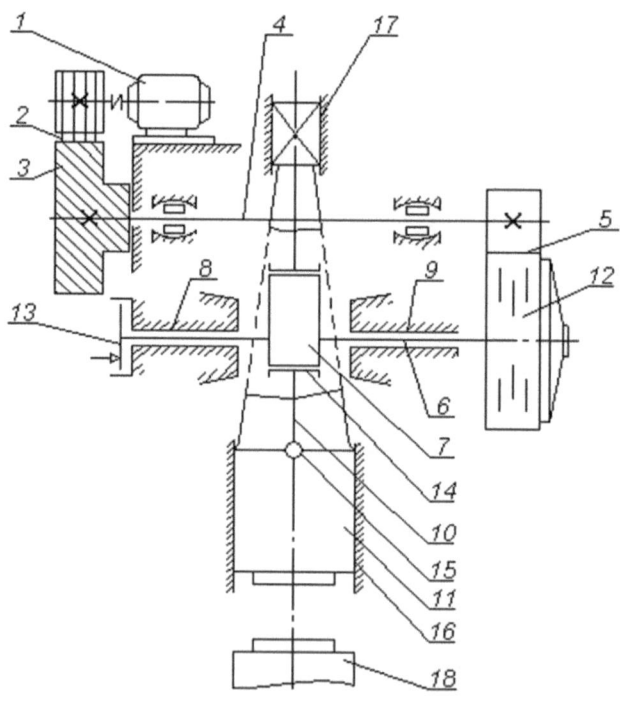

Рис. 1

Математическая модель КГШП 25МН в среде ПК Ра9 показана на рис. 2. В таблице показано поэлементное соответствие пресса и его модели.

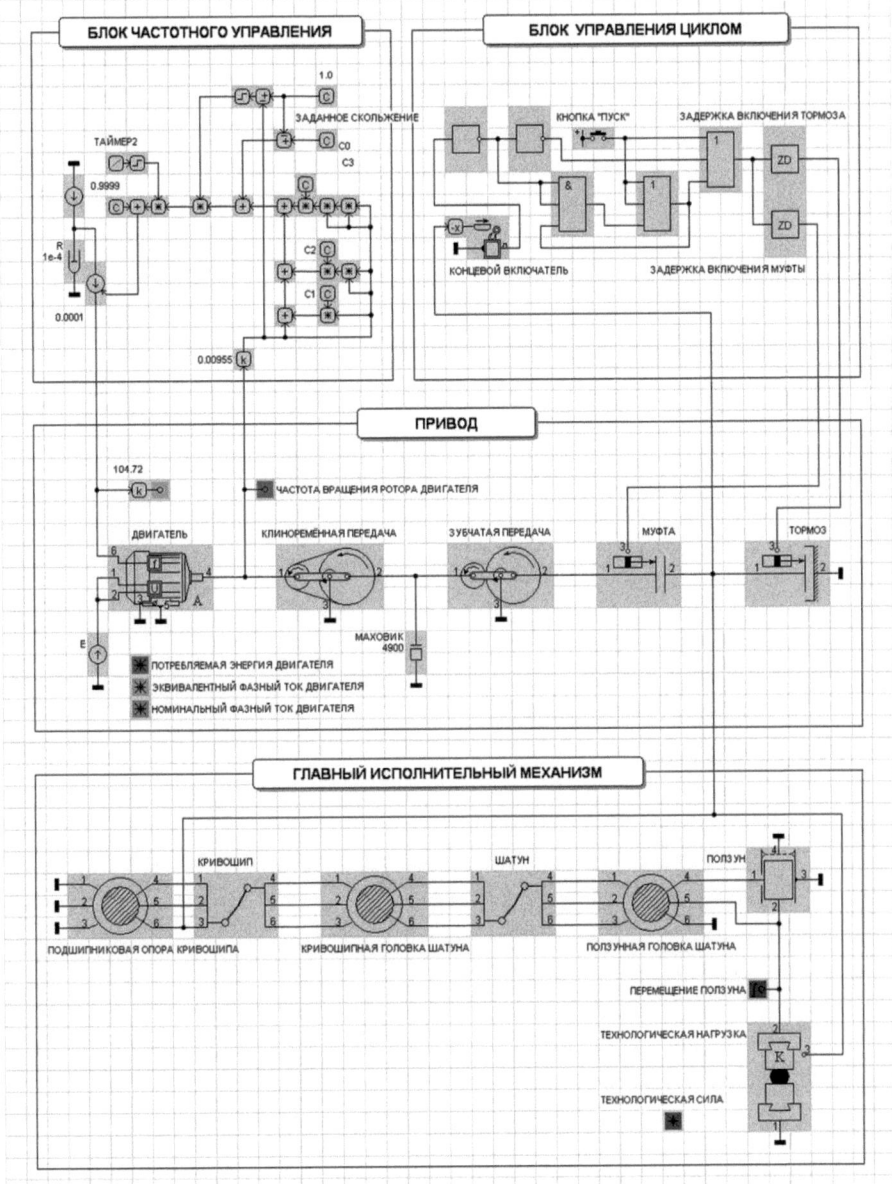

Рис. 2

Номер элемента на схеме	Элемент	Обозначение элемента(ов) на топологии	Имена привлеченных моделей [2]
-	Источник питания	E	V
1	Двигатель асинхронный	ДВИГАТЕЛЬ	DVA
2	Клиноремённая передача	КЛИНОРЕМЁННАЯ ПЕРЕДАЧА	RP
3	Маховик	МАХОВИК 4900	M
5	Зубчатая передача	ЗУБЧАТАЯ ПЕРЕДАЧА	RDN
6,8,9	Эксцентриковый вал	ПОДШИПНИКОВАЯ ОПОРА КРИВОШИПА	SHARN2
7	Эксцентрик	КРИВОЩИП	BALKA2
10	Шатун	ШАТУН	BALKA2
11	Ползун	ПОЛЗУН	NPR
12	Муфта включения	МУФТА	MUFTA
13	Тормоз эксцентрикового вала.	ТОРМОЗ	TORMOZ
14	Кривошипная головка шатуна	КРИВОШИПНАЯ ГОЛОВКА ШАТУНА	SHARN2
15	Ползунная головка шатуна	ПОЛЗУННАЯ ГОЛОВКА ШАТУНА	SHARN2
-	Технологическая сила	ТЕХНОЛОГИЧЕСКАЯ НАГРУЗКА	TNGK

Результаты моделирования одного цикла работы пресса при постоянстве частоты питающего напряжения (f=50 Гц), номинальной мощности двигателя 160 КВт, моменте инерции маховика 4900 кгм2 (штатный маховик пресса) и массе маховика 8585 кг показаны на рис. 3. Здесь приведены графики перемещения ползуна (м), технологической (деформирующей) силы (Н), частоты вращения ротора двигателя (с-1), частоты вращения магнитного поля двигателя (с-1, потребляемой энергии двигателя (Дж), номинального и эквивалентного (греющего) фазных токов двигателя. При этом была выполнена проверка достаточности мощности двигателя и момента инерции маховика для выбранной технологической операции на предмет обеспечения требуемой долговечности двигателя. Проверка выполнена методом эквивалентного тока [1,4].

Цикл работы пресса содержит включение муфты (141,18с), в результате которого её ведомые части, включая и эксцентриковый вал получают вращение; ход ползуна вниз, состоящий из хода приближения ползуна (141,18-141,68с) и хода деформирования (141,68-141,9с). Затем ползун совершает движение вверх (141,9-142,57с), в конце которого муфта 12 выключается и включается тормоз. Последний останавливает эксцентриковый вал вместе с остальными ведомыми частями муфты, после чего следует технологическая пауза (142,57-151,18с).

На графиках серым цветом выделено поле, показывающее ширину зоны скольжения двигателя $\omega_0 - \omega$. Затраты энергии на цикл работы пресса составили 1367650Дж. Максимальное значение относительного скольжения двигателя $s = \dfrac{\omega_0 - \omega}{\omega_0}$ составило 14,12%. Допустимое число ходов в минуту по условию допустимого температурного режима двигателя (равенство эквивалентного фазного тока номинальному для конца цикла) составило 2,4 х/мин. Для этих условий маховик имеет полный запас кинетической энергии 26,87 МДж. Доля энергии маховика, затрачиваемой им при выполнении операции составила 7,05 МДж, что составляет 26,2% её запаса.

Моделирование работы пресса при переменной частоте питающего напряжения выполнялось для случая двигателя с номинальной мощностью двигателя 160 КВт, момента инерции маховика 2500 кгм2. Задавался закон изменения частоты питающего напряжения в функции частоты вращения ротора двигателя в виде полинома

$$\alpha = \alpha_0 + \alpha_1 \omega + \alpha_2 \omega^2 + \alpha_3 \omega^3$$

где $\alpha = \dfrac{f}{f_0}$ - относительная частота питающего напряжения, причём

$f_0 = 50 \text{Гц}$ - стандартная промышленная частота,

$\alpha_0, \alpha_1, \alpha_2, \alpha_3$ - коэффициенты полинома.

Оптимизация выполнялась методом Нелдера-Мида [5]. В результате оп-

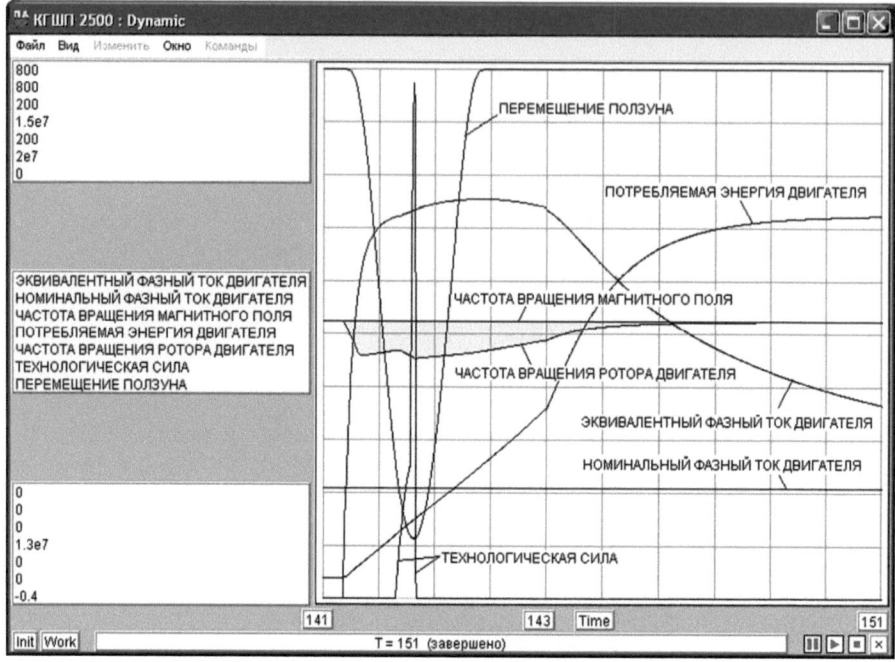

Рис. 3

тимизации получены значения коэффициентов $\alpha_1, \alpha_2, \alpha_3$ близкие к нулю. Это означает, что режим постоянства скольжения, определяемого коэффициентом α_0 полинома, является оптимальным. Этот режим одновременно является и технически просто реализуемым. Найдено, что при относительном скольжении $\alpha_0 = 0,02$ допустимое число ходов в минуту по условию допустимого температурного режима двигателя (равенство эквивалентного фазного тока номинальному для конца цикла) составило 7,92 х/мин.

Результаты моделирования одного цикла работы пресса при переменной частоте питающего напряжения в режиме постоянства скольжения при $\alpha_0 = 0,02$ показаны на рис. 4. Как и на рис. 3, серым цветом выделено поле, показывающее ширину зоны скольжения двигателя $\omega_0 - \omega$, которое значительно уже ширины зоны скольжения двигателя для режима постоянной частоты питающего напряжения.

Затраты энергии на цикл работы пресса составили 954175Дж, или 69,77%

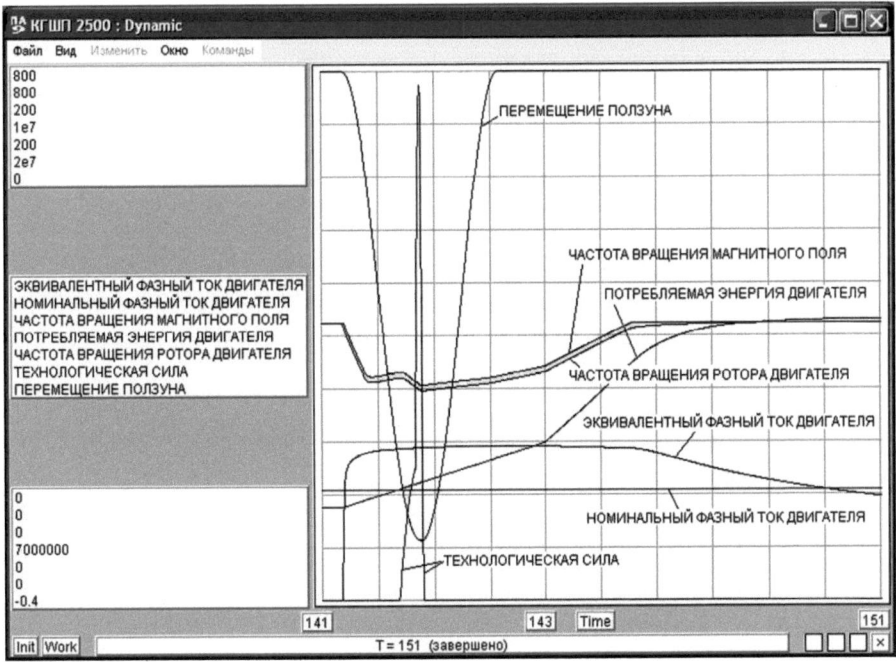

Рис. 4

затрат энергии при постоянной частоте питающего напряжения. Максимальное

значение относительного скольжения двигателя $s = \dfrac{\omega_0 - \omega}{\omega_0}$ составило 2,57%.

Для этих условий маховик имел полный запас кинетической энергии 13,71 МДж. Доля энергии маховика, затрачиваемой им при выполнении операции 5,86 МДж, что составляет 42,74% её запаса. Это позволило снизить массу маховика с 8585 кг до 5289 кг, т.е. на 38,4%, что существенно повышает запас прочности такого тяжелонагруженного элемента КГШП, как приводной вал.

Основные выводы.

Применение частотных преобразователей напряжения для привода кривошипных прессов позволяет:

1. Существенно снизить потребление энергии.

2. Повысить долговечность и надёжность кривошипного пресса,

3. Уменьшить материалоёмкость конструкции пресса.

Литература

1. Живов Л.И., Овчинников А.Г., Складчиков Е.Н. Кузнечно-штампо-вочное оборудование. – М.: Изд-во МГТУ им. Н.Э. Баумана, 2006.

2. Сандлер А.С., Сарбатов Р.С. Автоматическое частотное управление асинхронными двигателями. М., Энергия, 1974.

3. Применение программного комплекса анализа динамических систем ПА9 для моделирования работы кузнечно-штамповочного оборудова-ния. М., Каф. МТ6, МГТУ им. Н.Э.Баумана, 2005.

4. Электрооборудование кузнечно–прессовых машин: Справочник/ В.Е.Стоколов, Г.С.Усышкин, В.М.Степанов и др. –М.: Машинострое-ние, 1981.

5. Системы автоматизированного проектирования: В 9-ти кн. Кн. 5 Авто-матизация функционального проектирования6 Учеб. пособие для вту-зов/П.К.Кузьмик, В.Б.Маничев; Под ред. И.П.Норенкова. – М.: Высш. Шк.,1986. – 144 с.

Складчиков Е.Н.

Применение частотных преобразователей напряжения для привода электровинтовых прессов.

Благодаря простоте конструкции, широким технологическим возмож-ностям, нетребовательности к специальным видам энергии электровинтовые прессы (ЭВП) находят широкое применение в промышленности как один из основных видов кузнечно-штамповочного оборудования [1,2]. Наибольшее распространение получили ЭВП с асинхронным, чаще всего дугостаторным приводом, когда статор охватывает ротор на двух угловых промежутках мень-ших 180^0.

Недостатками ЭВП являются большие значения фазных токов, пиковый характер их изменения, низкий КПД и коэффициент мощности и, как следствие, большое потребление энергии. Эти недостатки имеют место из-за несоответствия свойств асинхронного привода условиям его работы, когда дважды за цикл при ходе вниз и ходе вверх привод работает в пусковом режиме. В начале как хода вниз, так и хода вверх относительное скольжение асинхронного двигателя равно единице и остается значительным в процессе разгона. Абсолютное скольжение при этом равно синхронной частоте ω_0 двигателя.

Одним из путей преодоления указанных недостатков является применение для питания двигателя ЭВП напряжения питания изменяемой частоты [3]. Преимущество использования частотного управления реализуется за счет понижения частоты напряжения и, соответственно, синхронной частоты двигателя ω_0 в начальной части разгона подвижных частей пресса с их повышением по мере разгона в опережающем режиме по отношению к скорости двигателя ω. При этом многократно уменьшается скольжение асинхронного двигателя, снижаются токовые нагрузки, повышается КПД двигателя, уменьшается потребление электрической энергии. Гибкость изменения частоты напряжения, обеспечиваемая современными частотными преобразователями, позволяет оптимизировать работу привода путем выбора законов изменения частоты питающего напряжения.

Анализ работы электровинтового пресса с частотным управлением приводом и оптимизация его работы выполнена с привлечением программного комплекса анализа динамических систем Ра9 (ПК Ра9) [4]. В качестве объекта анализа выбран ЭВП с номинальной энергией удара 7 КДж. Конструктивная схема пресса показана на рис. 1. Он содержит станину 1 со столом 2; асинхронный двигатель с дуговыми статорами 3, и ротором 4, являющимся одновременно маховиком; главный исполнительный механизм с винтом 5, смонтированном в двухстороннем упорном подшипнике 6, и гайкой 7, закрепленной к ползуну 8; колодочный управляемый тормоз 9, двигатель 10 вентилятора охлаждения дугостаторного двигателя и некоторые другие устройства. Маховик 4 соединен в винтом 5.

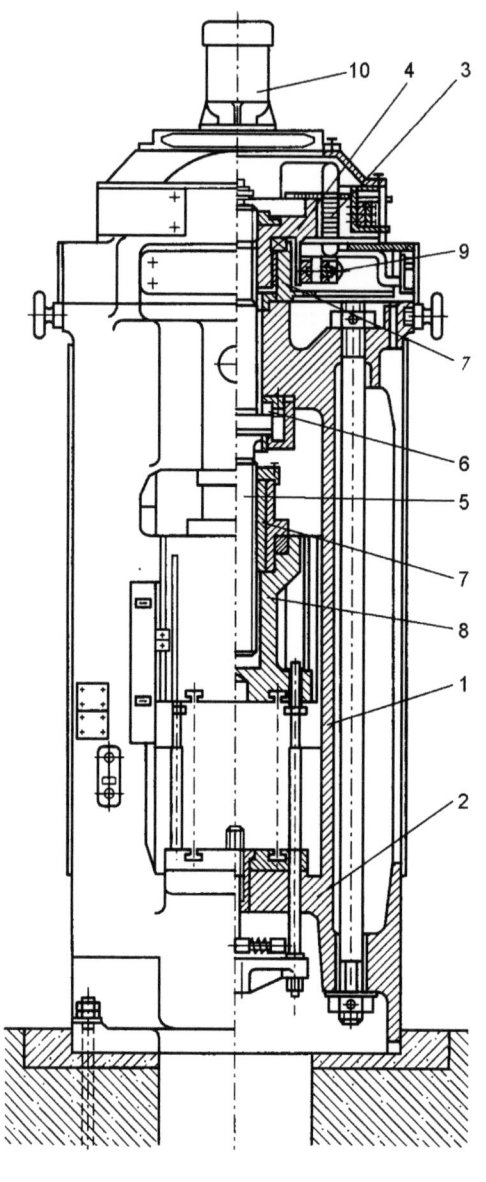

Рис. 1

Машинный цикл работы пресса включает ход вниз, в процессе которого подвижные части пресса (маховик 4, винт 5, ползун 8) разгоняются электромагнитным моментом двигателя и силой тяжести ползуна, и ход вверх, состоящий из периода разгона подвижных частей и периода торможения. При ходе вверх разгон подвижных частей осуществляется двигателем в его реверсном режиме, торможение – тормозом и силой тяжести ползуна. В конце хода вниз происходит деформирование заготовки в штампе, части которого закреплены на столе 2 и ползуне 8. Деформирование осуществляется за счёт расхода кинетической энергии подвижных частей, преимущественно маховика, запасенной при их разгоне вниз.

Машинный цикл работы пресса показан на рис. 2, где приведены графики изменения скорости ползуна $V_п$, перемещения ползуна $S_п$, частоты вращения маховика ω. График последней при соответствующем выборе масштаба совпадает с графиком $V_п$. Синхронная частота вращения двигателя

- ω_0. На графиках серым цветом выделены участки, показывающие ширину зоны абсолютного скольжения двигателя $\omega_0 - \omega$ в периоды включенного состояния двигателя.

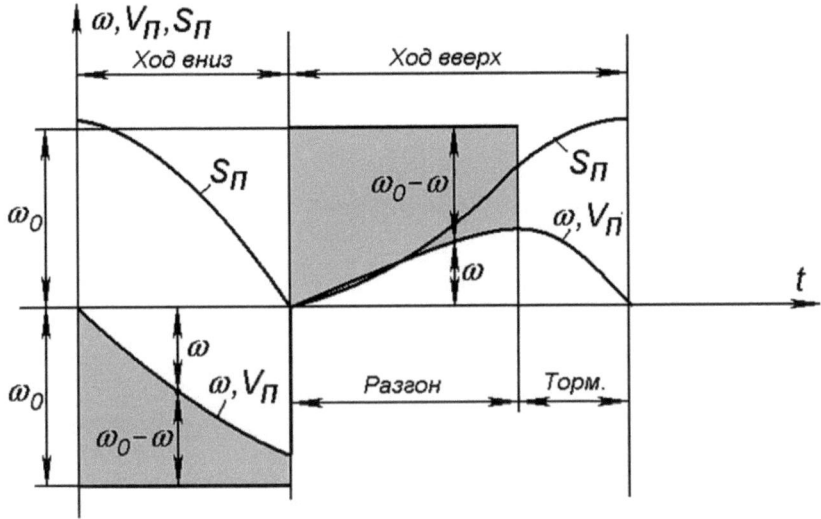

Рис. 2

Математическая модель пресса показана на рис. 3-6. На них представлена топология ЭВП в окне схемного графического редактора ПК Ра9. На рис. 3-5 – показаны фрагменты топологии: "ПРИВОД", "ГИМ" (главный исполнительный), "СИСТЕМА УПРАВЛЕНИЯ"; на рис. 6 - блок-схема топологии. В таблице показано поэлементное соответствие пресса и модели. В качестве модели дугостаторного двигателя привлечена модель асинхронного двигателя с частотным управлением. Приведение частоты вращения двигателя (750 об/мин.) к частоте вращения дугостаторного привода (300 об/мин.) осуществлено включением в модель пресса модели зубчатого редуктора с передаточным числом 2,5, отсутствующего в реальной конструкции ЭВП. Для исключения влияния этой

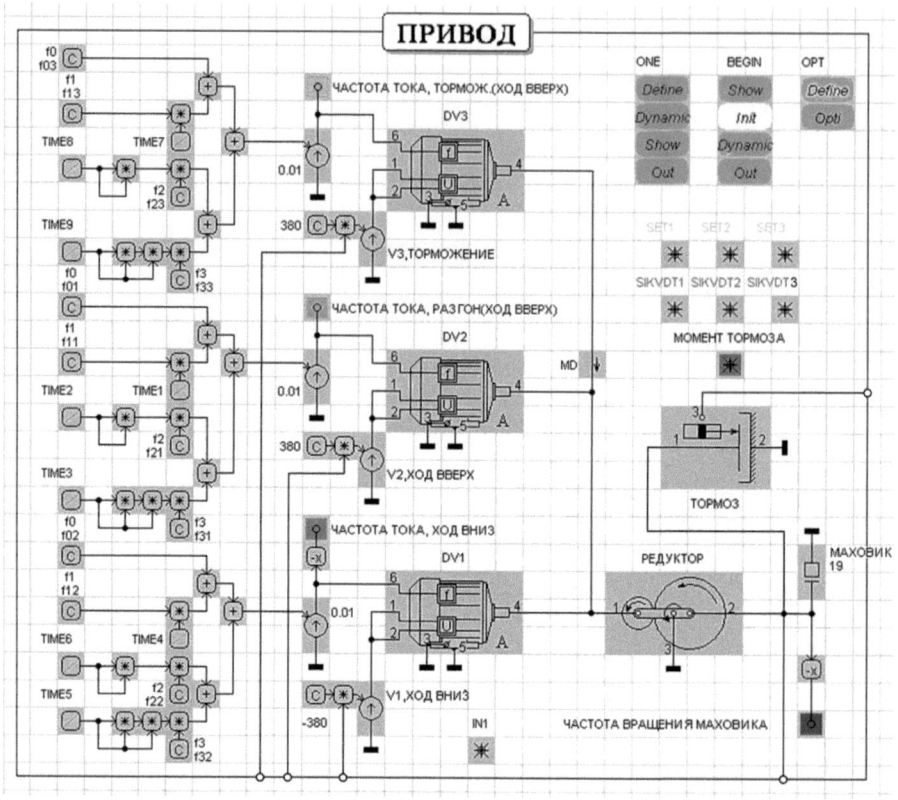

Рис. 3

модели на процессы в прессе моменты инерции элементов модели редуктора приняты равными нулю, а КПД редуктора - равным 1. Для обеспечения требуемой быстроходности пресса и улучшения энергетических показателей был выбран двигатель мощностью 30 КВт. Для реализации частотного управления применен частотный трехфазный преобразователь мощностью 39,4 КВт.

Частотное управление двигателем ЭВП позволяет отказаться от тормоза, используемого для остановки подвижных частей пресса в конце хода вверх. Торможение в этом случае осуществляется двигателем пресса при его работе в генераторном режиме работы параллельно с сетью. При этом имеет место рекуперация кинетической энергии подвижных частей пресса, которую они на-

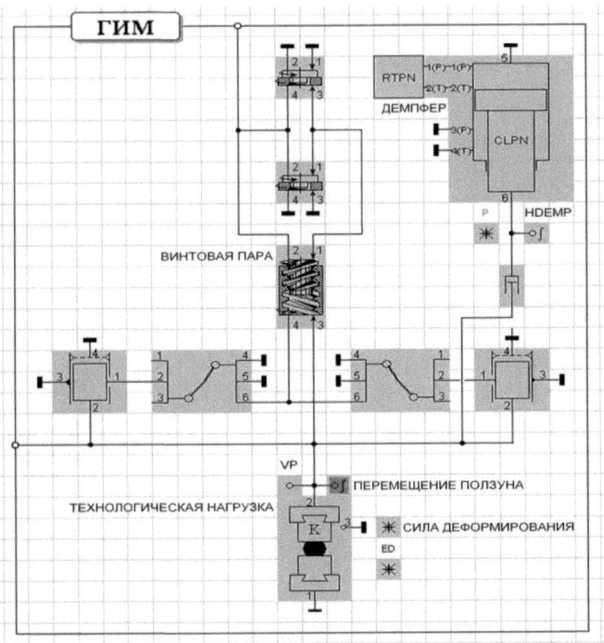

Рис. 4

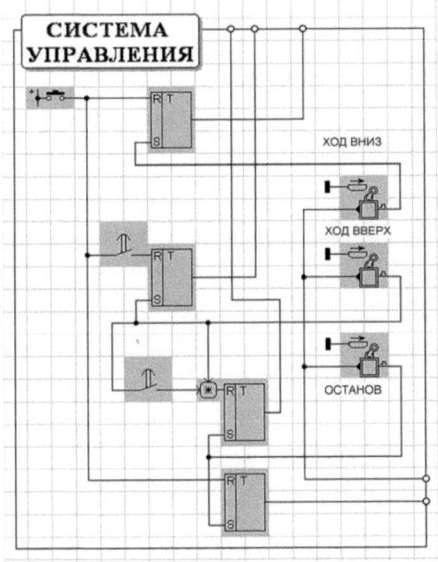

Рис. 5

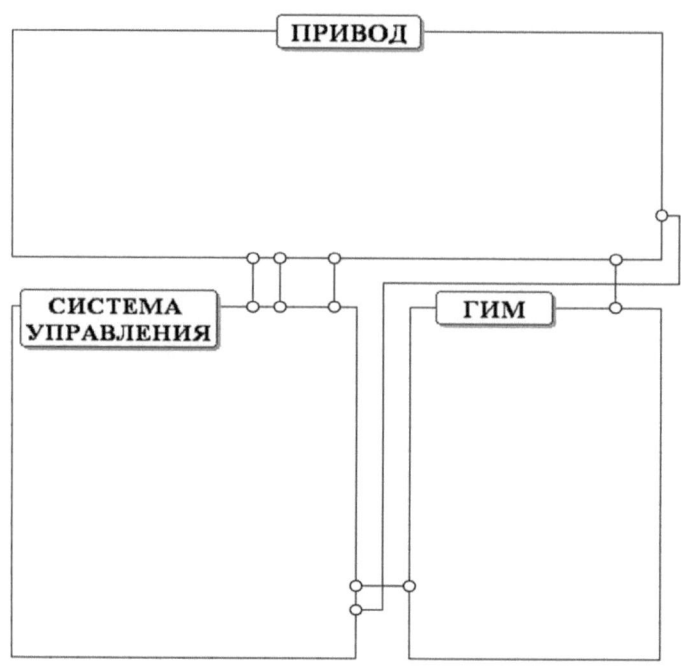

Рис. 6

Таблица

Номер элемента на схеме	Элемент	Обозначение элементов на топологии	Имена привлеченных моделей [4]
-	Источник питания	V1,ХОД ВНИЗ; V2,ХОД ВЕРХ; V3,ТОРМОЖЕНИЕ	V,f01-f33, TIME1-TIME9
2	Ротор-маховик	МАХОВИК, 19	M
3,4	Двигатель	DV1-DV3, РЕДУКТОР	DVA+RDN
9	Тормоз	ТОРМОЗ	TORMOZ
5,7	Винтовая пара	ВИНТОВАЯ ПАРА	VNTPR
8	Ползун в направляющих		BALKA2+NPR+ BALKA2+NPR
6	Подшипник упорный двусторонний		PDU,PDU
1	Станина		
-	Технологическая сила	ТЕХНОЛОГИЧЕСКАЯ НАГРУЗКА	TNGK

капливают в конце разгона при ходе вверх. Это дополнительно улучшает энергетические показатели работы пресса, а также позволяет исключить из конструкции пресса быстроизнашиваемые элементы – фрикционные накладки тормоза. Однако необходимость в тормозе сохраняется для удержания подвижных частей пресса от самопроизвольного их движения в паузах работы пресса.

Асинхронный двигатель в модели пресса (рис. 3) представлен тремя моделями двигателя. Они представляют один двигатель и воспроизводят его работу в периоды разгона ползуна вниз, его разгона вверх и торможения. Каждая из трех моделей имеет свои элементы задания закона изменения частоты напряжения (f01-f32, TIME1-TIME9).

Закон изменения частоты питающего напряжения задаётся полиномом третьего порядка с коэффициентами полинома f0, f1, f2, f3. Для каждого из периодов: разгон вниз, разгон вверх, торможение при ходе вверх задается свой закон изменения частоты напряжения со своими коэффициентами полинома. Они приняты в качестве управляемых параметров при оптимизации. Критерий оптимизации – затраты энергии.

Оптимизация осуществлялась методом Нелдера-Мида [5]. Были найдены оптимальные законы изменения частоты напряжения с коэффициентами полиномов: для хода вниз f0=0,153, f1=1,9, f2=0,265, f3=0,018; для хода разгона вверх f0=0,182, f1=0,595, f2=0,140, f3=0,006; для хода торможения при ходе вверх f0=0,88, f1=-0,80, f2=-0,66, f3=0,0.

Результаты моделирования пресса с оптимальным частотным управлением показаны на рис. 7. На рисунке серым цветом показаны участки, ширина которых представляет абсолютное скольжение электродвигателя ЭВП.

Цикл работы пресса для случая оптимального закона частотного управления работой двигателя показан также на рис. 8. Как видно из рисунков 7 и 8, частотное управление позволяет значительно сузить зоны, определяющие скольжение двигателя на всех периодах цикла его работы (см. рис. 2).

За счет применения частотного управления затраты энергии на один ход, при эффективной энергии 7 КДж, уменьшились с 59.2 до 31.38 КДж, т.е. - в 1.9 раза.

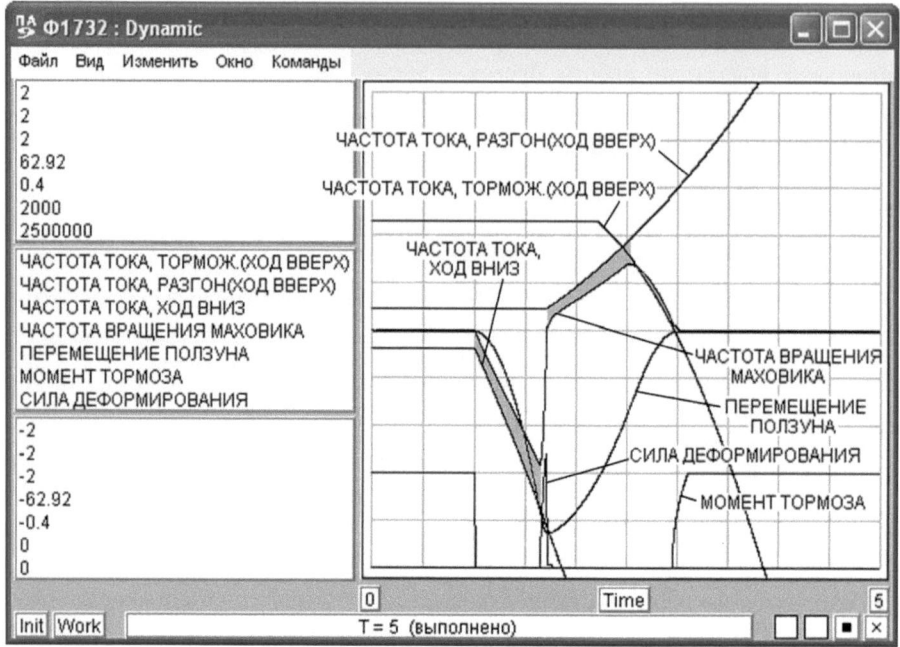

Рис. 7

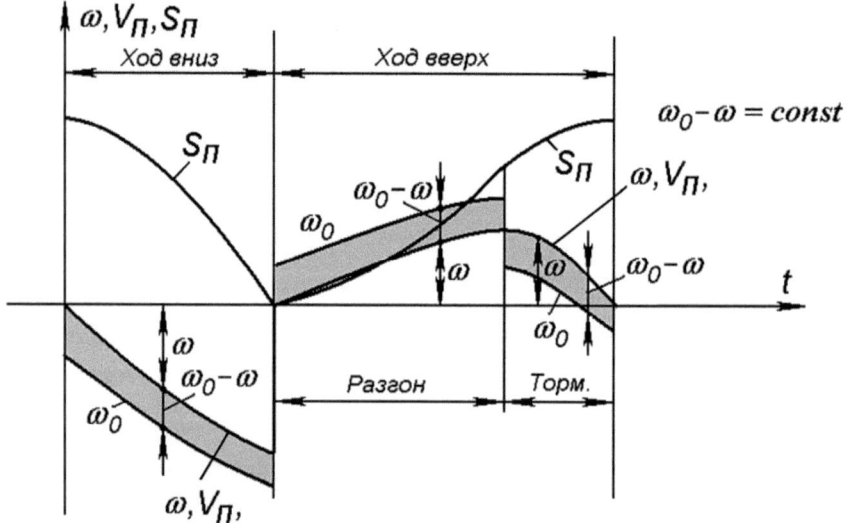

Рис. 8

В исходном варианте эквивалентный ток [6] в конце цикла превышал номинальный в 1.5 раза, что говорит о напряженном тепловом режиме работы электродвигателя. В найденном варианте эквивалентный ток составил 83% номинального тока. Это позволяет отказаться от вентилятора и двигателя для его привода, мощность которого для исследуемого ЭВП составляет 1,3 КВт, что является дополнительным источником экономии энергии.

Частотное управление позволяет форсировать работу пресса с увеличением энергии деформирования. Моделированием найдено, что на исследуемом прессе можно получить энергию деформирования 13 КДж вместо 7 КДж при отсутствии частотного управления приводом ЭВП.

Основные выводы.

Применение частотных преобразователей напряжения для привода электровинтовых прессов позволяет:

1. Получить значительную экономию энергии.
2. Облегчить тепловой режим работы двигателя главного привода и увеличить его долговечность.
3. Упростить конструкцию электровинтового пресса за счёт отказа от использования вентилятора охлаждения и его двигателя.
4. Существенно повысить эффективную энергию электровинтового пресса.

Литература

1. Бочаров Ю.А. Винтовые прессы. М.: Машиностроение, 1976.
2. Ковка и штамповка. Справочник. В 4-х т. Ред. совет: Е.И. Семёнов и др. – М.: Машиностроение, 1985.
3. Сандлер А.С., Сарбатов Р.С. Автоматическое частотное управление асинхронными двигателями. М., Энергия, 1974.
4. Живов Л.И., Овчинников А.Г., Складчиков Е.Н. Кузнечно-штамповочное оборудование. – М.: Изд-во МГТУ им. Н.Э. Баумана, 2006.

5 Системы автоматизированного проектирования: В 9-ти кн. Кн. 5 Автоматизация функционального проектирования6 Учеб. пособие для втузов/П.К.Кузьмик, В.Б.Маничев; Под ред. И.П.Норенкова. – М.: Высш. Шк.,1986. – 144 с.

6. Электрооборудование кузнечно–прессовых машин: Справочник/ В.Е.Стоколов, Г.С.Усышкин, В.М.Степанов и др. –М.: Машиностроение, 1981.

——— ооо ———

Складчиков Е.Н.

Расчёт мощности двигателя и момента инерции маховика кривошипных прессов

Мощность двигателя и момент инерции маховика. В основе существующих методик расчета мощности двигателя и момента инерции маховика лежит метод эквивалентного тока [1]. Однако из-за трудностей его прямой реализации при традиционных методах расчета применяются косвенные способы оценки допустимости нагрева двигателя главного привода, например, по неравномерности вращения двигателя [2]. Математическое моделирование позволяет отказаться от косвенных способов оценки допустимости нагрева двигателя и решать задачу выбора мощности двигателя и момента инерции маховика на основе прямого применения метода эквивалентного тока.

Выбор электродвигателя и маховика рассматривается на примере листоштамповочного пресса двойного действия с номинальной силой 0,63/0,4 МН (рис. 1) с асинхронным двигателем главного привода 7,5 кВт, 1440 об/мин. и маховиком 47 кгм^2. Топология его математической модели в среде программного комплекса анализа динамических систем Ра9 [3] представлена на рис. 2 и 3 в четырёх фрагментах: на рис.2 показаны фрагменты "Привод" и "Система управления", на рис. 3 – фрагменты "Исполнительный механизм вытяжного ползуна" и "Исполнительный механизм прижимного ползуна". Поэлементное

42

соответствие схемы пресса (рис. 1) и его топологии в математической модели (рис. 2,3) приведено в таблице 1. Для решения задачи в модели пресса должны быть представлены двигатель главного привода, маховик, технологическая нагрузка. Для полноценного учета затрат энергии при работе пресса в его модели следует представить все элементы, которые являются источниками или причиной этих затрат. К ним относятся элементы, при работе которых возникают силы трения (подшипники, шарниры, направляющие, зубчатые и фрикционные передачи, фрикционные муфты и тормоза и пр.), упругие элементы, преобразователи входной энергии. В модели пресса по рис. 1 и 2 из упомянутых элементов представлены: двигатель главного привода 1, маховик 3, клиноременная передача 2, муфта - элементами фрикционных пар 25,26,28,30 и шлицевых соединений 27,29,36,37; пневмоцилиндр 31, тормоз 34, быстроходная зубчатая передача 4, тихоходная зубчатая передача 5, подшипники и шарниры 24, 35

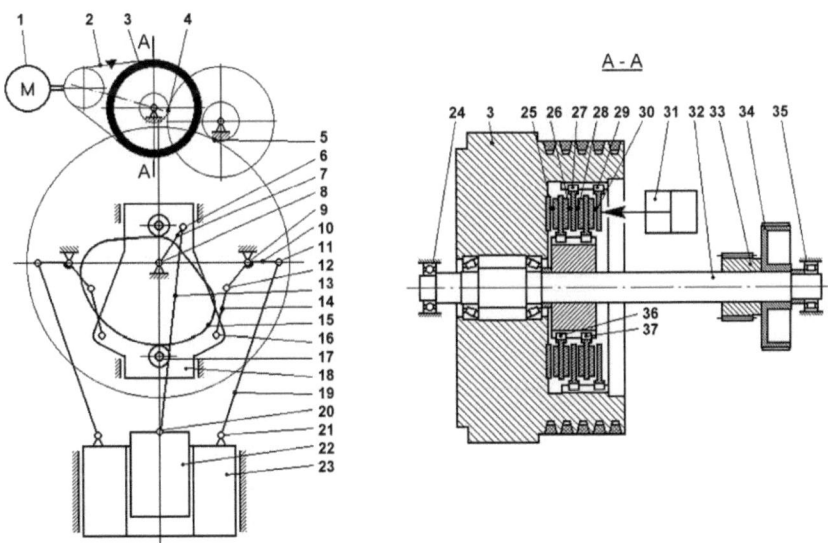

Рис. 1

43

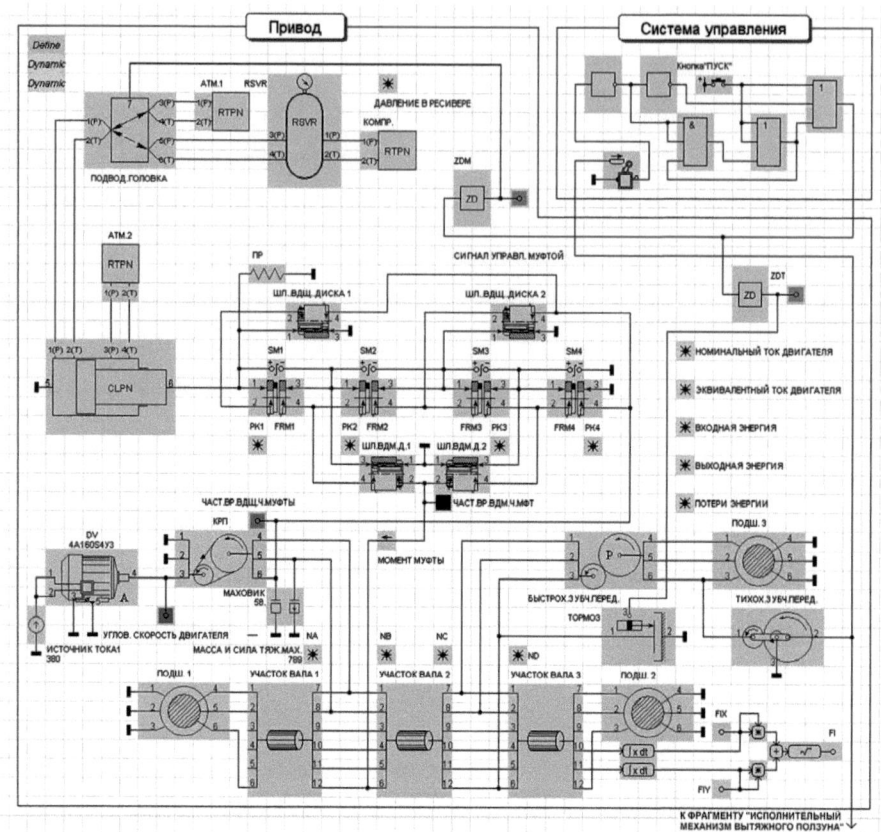

Рис. 2

и др., направляющие вытяжного 22 и прижимного 23 ползунов, технологическая сила (табл. 1). График технологической силы по ходу ползуна в модели TNGK задаются последовательными парами значений перемещения ползуна и соответствующих значений технологической силы, вводимых как параметры модели.

При моделировании работы пресса на каждом шаге интегрирования вычисляется момент, которым нагружается двигатель привода. В модели DVA с учетом нагружающего момента вычисляются частота вращения ротора, скольжение, активный, реактивный и полный фазные токи, эквивалентный ток [1],

44

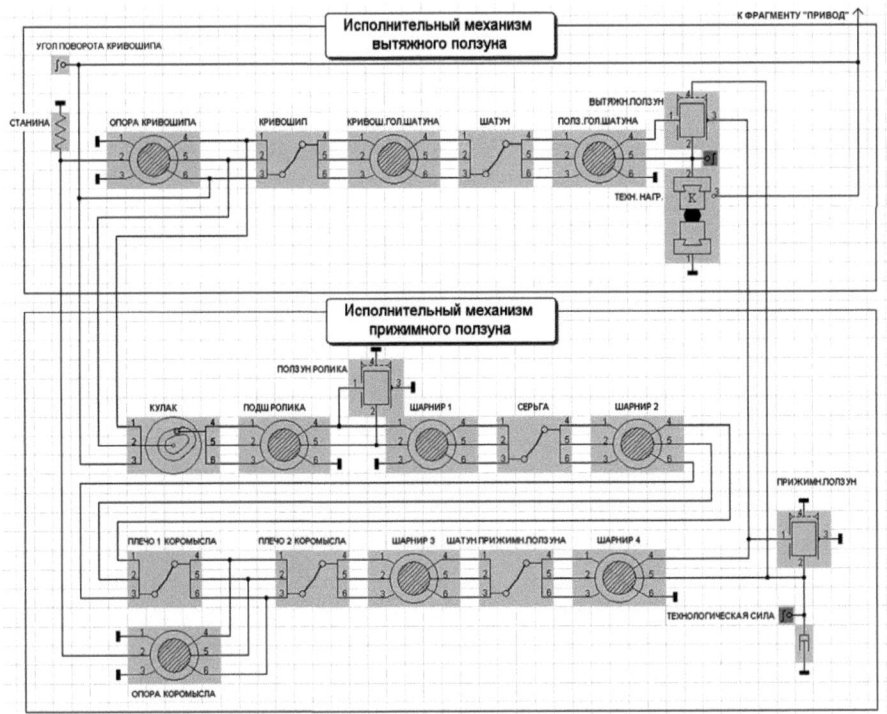

Рис. 3

номинальный ток. Эквивалентный ток определяется в процессе моделирования по итогам выполненной его части и сам является переменной величиной. Во внимание следует принимать значения эквивалентного тока в конце любого цикла работы пресса. При равенстве эквивалентного тока в конце цикла номинальному току двигателя его режим работы будет соответствовать номинальному. При меньшем значении эквивалентного тока двигатель будет недогружен, при большем – перегружен. Недогрузка и перегрузка двигателя приводит к понижению его КПД и ухудшают экономические показатели работы кривошипного пресса. Для исключения влияния нестационарной части работы пресса, например периода разгона маховика, вычисление эквивалентного тока начинается в фиксированный момент модельного времени, который вводится как один из параметров модели DVA. Его значение принимается равным времени начала первого цикла работы пресса. График номинального тока пред-

Номер элемента на рис. 1	Элемент	Обозначение элемента на топологии	Имя привлеченной модели
1	Двигатель асинхронный	DV	DVA
2	Клиноременная передача	КРП	KLRMP
3	Маховик	МАХОВИК 47, МАССА И СИЛА ТЯЖ. МАХ 710	M, MV
25,26,28, 30	Фрикционные пары муфты	FRM1, FRM2, FRM3, FRM4	FRMT
27,29	Шлицевые соединения ведущих дисков	ШЛ.СОЕД.ВДЩ.ДИСКА 1, ШЛ.СОЕД.ВДЩ.ДИСКА 2	SHLITC
36,37	Шлицевые соединения ведомых дисков	ШЛ.СОЕД.ВДМ.ДИСКА 1, ШЛ.СОЕД.ВДМ.ДИСКА 2	SHLITC
-	Пружины муфты	ПР	K
31	Пневмоцилиндр муфты	CLPN	CLPN
-	Подводящая головка муфты	ПОДВОД.ГОЛОВКА	RP32PN
-	Ресивер	RSVR	RSVR
-	Источник сжатого воздуха	КОМПР.	RTPN
-	Выход в атмосферу	АТМ.1, АТМ.2	RTPN
-	Элемент задержки включения муфты	ZDM	ZD
33	Шестерня	-	-
34	Тормоз	ТОРМОЗ	TORMOZ
-	Элемент задержки включения тормоза	ZDT	ZD
24,35	Подшипники приводного вала	ПОДШ. 1, ПОДШ. 2	SHARN2
32	Приводной вал	УЧАСТОК ВАЛА 1, УЧАСТОК ВАЛА 2, УЧАСТОК ВАЛА 3	FRVL
4	Быстроходная зубчатая передача	БЫСТРОХ.ЗУБЧ.ПЕРЕД.	ZACPCN
5	Тихоходная зубчатая передача	ТИХОХ.ЗУБЧ.ПЕРЕД.	RDN
-	Станина	СТАНИНА	K
8	Подшипниковая опора коленчатого вала	ОПОРА КРИВОШИПА	SHARN2

7	Кривошип	КРИВОШИП	BALKA2
6	Кривошипная головка шатуна	КРИВОШ.ГОЛ.ШАТУНА	SHARN2
13	Шатун	ШАТУН	BALKA2
20	Ползунная головка шатуна	ПОЛЗ.ГОЛ.ШАТУНА	SHARN2
22	Вытяжной ползун в направляющих прижимного ползуна	ВЫТЯЖН.ПОЛЗУН	NPR
-	Технологическая сила	ТЕХН. НАГР.	TNGK
15	Кулачковый механизм привода прижимного ползуна	КУЛАК	KULMD
17	Подшипник ролика кулачко-вого механизма привода прижимного ползуна	ПОДШ РОЛИКА	SHARN2
18	Ползун ролика кулачкового механизма в направляющих	ПОЛЗУН РОЛИКА	NPR
14	Серьга	СЕРЬГА	BALKA2
10	Коромысло	ПЛЕЧО 1 КОРОМЫСЛА, ПЛЕЧО 2 КОРОМЫСЛА	BALKA2
19	Шатун прижимного ползуна	ШАТУН ПРИЖИМН.ПОЛЗУНА	BALKA2
9	Подшипниковая опора коромысла	ОПОРА КОРОМЫСЛА	SHARN2
16	Шарнир механизма привода прижимного ползуна	ШАРНИР 1,	SHARN2
12	Шарнир механизма привода прижимного ползуна	ШАРНИР 2,	SHARN2
11	Шарнир механизма привода прижимного ползуна	ШАРНИР 3,	SHARN2
21	Шарнир механизма привода прижимного ползуна	ШАРНИР 4	SHARN2
23	Прижимной ползун в направляющих	ПРИЖИМН.ПОЛЗУН	NPR

ставляет собой прямую линию, поскольку он является параметром двигателя и, следовательно, является константой. Вывод графика номинального тока создает удобство для сопоставления с ним эквивалентного тока.

Для определения мощности двигателя и момента инерции маховика при заданном графике технологической силы и времени цикла следует при предварительно назначенных значениях мощности двигателя и момента инерции маховика выполнить моделирование и сопоставить значения эквивалентного тока в конце любого цикла работы пресса и номинального тока. При превышении эквивалентным током номинального тока (двигатель перегружен) следует назначить типоразмер двигателя большей мощности или увеличить момент инерции маховика. При эквивалентном токе меньшем номинального тока (двигатель недогружен) следует назначить типоразмер двигателя меньшей мощности или уменьшить момент инерции маховика. Увеличение момента инерции маховика приводит к меньшим отклонениям частоты вращения двигателя от номинальной, при которых КПД и коэффициент мощности двигателя максимальны. Таким образом, уменьшение нагрузки двигателя при увеличении момента инерции имеют место за счет повышения КПД. Однако такое изменение нагрузки двигателя при варьировании моментом инерции маховика не может быть значительным. Поэтому при большой разнице эквивалентного и номинального токов (15-30% и выше) следует изменять мощность двигателя, при меньшей разнице – изменять момент инерции маховика. Окончание процесса подбора мощности двигателя и момента инерции маховика определяется достижением требуемой точности совпадения эквивалентного и номинального токов. Подбор момента инерции маховика может быть ускорен применением интерполяции и экстраполяции данных, полученных на предыдущих шагах подбора.

На рис. 4 показаны полученные моделированием результаты расчета эквивалентного и номинального токов одного цикла работы пресса в режиме одиночных ходов, а также графики частоты вращения двигателя, перемещений вытяжного и прижимного ползунов, технологической силы, частоты вращения ведущих и ведомых частей муфты. График технологической силы принят в соответствии с рис. 7.1,г [4]. Время цикла принято равным 10с (режим одиночных ходов, пауза - 6 с). Требуемая точность совпадения эквивалентного и номинального токов принята равной 0,1%. Протокол подбора двигателя и момента инерции маховика по результатам моделирования приведен в таблице 2. Согласно полученным результатам для принятых условий эквивалентный ток в конце цикла больше номинального на 67,9%; после подбора двигателя и маховика – на 0,059%. Для принятых условий номинальная нагрузка двигателя имеет место при мощности двигателя 15 кВт и моменте инерции маховика 52,21 кг*м^2. Результаты моделирования после подбора двигателя и маховика показаны на рис. 5.

Таблица 2

Типоразмер двигателя	Момент инерции маховика, кг*м^2	Ток двигателя, А		Относительная разница номинального и эквивалентного токов, %
		номинальный	эквивалентный	
4А132S4У3 (7.5 кВт)	47	8,74	14,65	67,9 (перегрузка)
4А132М4У3 (11 кВт)	47	12,67	16,11	27,2 (перегрузка)
4А160S4У3 (15 кВт)	47	16,90	17,92	6,04 (перегрузка)
4А160S4У3 (15 кВт)	55	16,90	16,44	−2,72 (недогрузка)
4А160S4У3 (15 кВт)	52,52	16,90	16,83	−0,41 (недогрузка)
4А160S4У3 (15 кВт)	52,21	16,90	16,91	0,059

Баланс энергозатрат и КПД пресса. В моделях элементов программного комплекса Ра9 обладающих диссипативными свойствами вычисляются входная и выходная энергия и (или) потери энергии при работе элемента. В моделях элементов, обладающих способностью накапливать энергию, вычисляется накопленная энергия. Значения входной, выходной, накопленной энергии и потерь энергии, определяются в процессе моделирования по итогам выполненной его части, и сами являются переменными величинами. Вычисленные величины могут быть выведены как расчетные переменные с помощью универсальных индикаторов. Их значения имеют характер нарастающего итога в течение моделирования. При определении потерь энергии их следует относить к одному выбранному циклу работы пресса. Для этого следует находить разницу выводи-

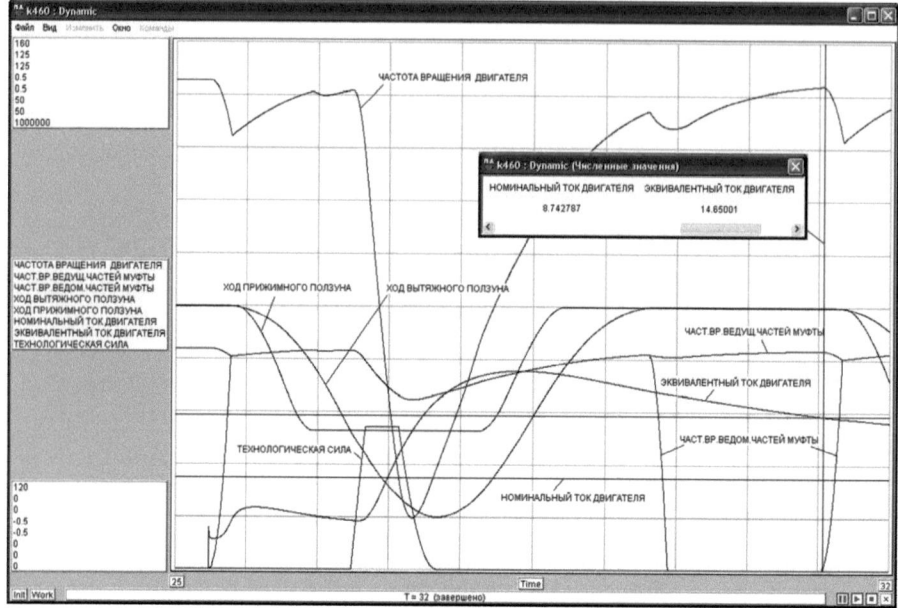

Рис. 4

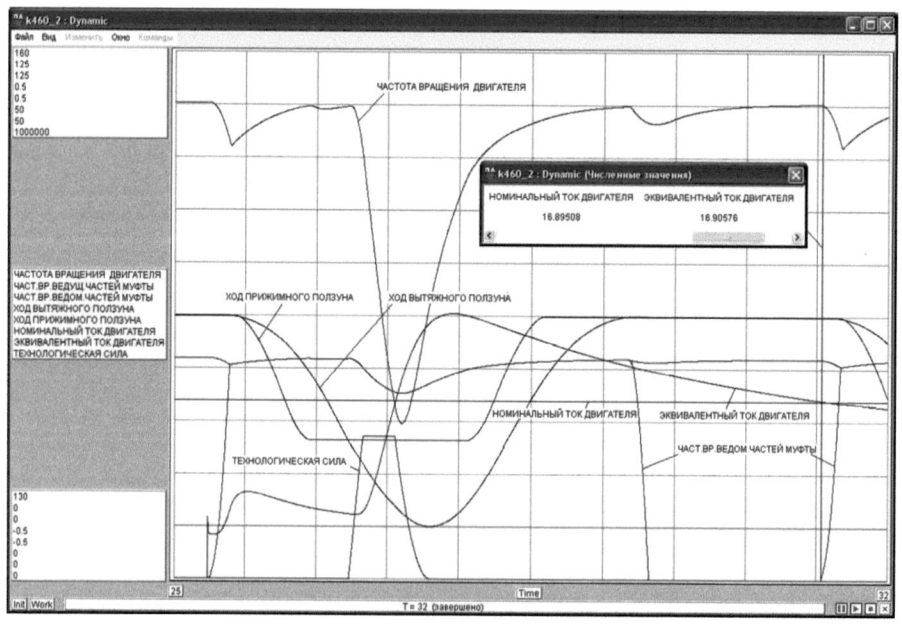

Рис. 5

мых величин для начала и конца выбранного цикла. На рис. 6 показаны полученные моделированием результаты расчета входной, выходной энергии электродвигателя и потерь энергии в одном цикле работы пресса в режиме одиночных ходов, а также графики частоты вращения двигателя, перемещений вытяжного и прижимного ползунов, технологической силы, частоты вращения ведущих и ведомых частей муфты. Баланс энергозатрат пресса приведён в таблице 3.

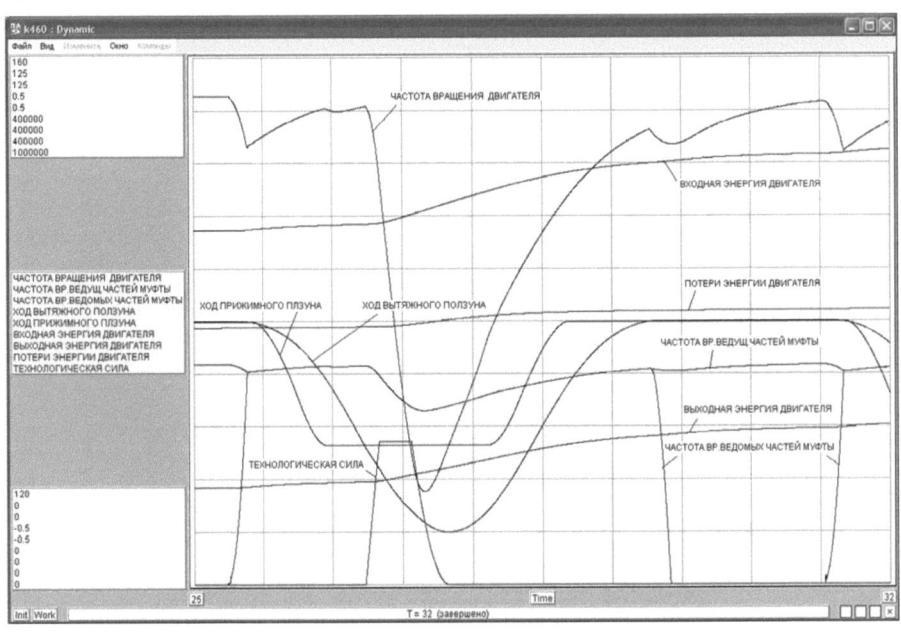

Рис. 6

Таблица 3

Элемент	Режим одиночных ходов		Режим автоматических ходов	
	Потери энергии, Дж	Потери энергии, %	Потери энергии, Дж	Потери энергии, %
Электрическая сеть	57128,7	100	50775,9	100
Двигатель асинхронный	11343,5	19,8	10456,1	20,6
Клиноременная передача	1569,9	2,75	2383,5	4,69
Маховик	6,7	0,01	9,74	0,02

Фрикционные пары муфты	2618,7	4,58	-	
Источник сжатого воздуха				
Тормоз	2594,4	4,54	-	
Подшипник приводного вала 1	290,6	0,51	288,6	0,57
Подшипник приводного вала 2	317,2	0,56	310,8	0,61
Быстроходная зубчатая передача	92,7	0,16	79,8	0,16
Подшипник 3	392,1	0,68	372,1	0,73
Тихоходная зубчатая передача	1190,8	2,08	1062,1	2,09
Подшипниковая опора коленчатого вала	62,8	0,11	62,7	0,12
Кривошипная головка шатуна	76,7	0,13	76,8	0,15
Ползунная головка шатуна	5,8	0,01	5,8	0,01
Направляющие вытяжного ползуна	680,8	1,19	680,8	1,34
Технологическая сила	35228,3	61,66	35228,3	69,38
Кулачковый механизм привода прижимного ползуна	0,6	0,001	0,8	0,001
Подшипник ролика кулачкового механизма привода прижимного ползуна	46,3	0,08	46,3	0,09
Направляющие ползуна ролика кулачкового механизма	71,1	0,12	70,8	0,14
Подшипниковая опора коромысла	3,6	0,006	3,6	0,007
Шарнир 1 механизма привода прижимного ползуна	0,07	0,0001	0,04	0,0001
Шарнир 2 механизма привода прижимного ползуна	1,1	0,002	1,0	0,002
Шарнир 3 механизма привода прижимного ползуна	1,5	0,003	1,5	0,003
Шарнир 4 механизма привода прижимного ползуна	0,3	0,0005	0,2	0,0004
Направляющие прижимного ползуна	29,2	0,12	29,2	0,058
Невязка баланса	503,9	0,88	-454,7	-0,90

Анализ полученных результатов позволяет сделать выводы:

1. КПД пресса для режима одиночных ходов составляет 61,66%, для режима автоматических ходов - 69,38%.

2. Близость к нулю потерь (накопления) энергии маховиком в цикле означает, что режим работы привода пресса в цикле – установившийся.

3. Наибольшие потери энергии имеют место в электродвигателе – 19,8 и 20,6%.

При моделировании работы пресса при различных следующих друг за другом операциях (многопереходная штамповка) определение потерь энергии следует относить к составному циклу работы пресса. Баланс затрат энергии, определенный моделированием для условий, определённых в разделе "Мощность двигателя и момент инерции маховика", приведён в таблице 3. В той же таблице приведен баланс затрат энергии для режима автоматических ходов.

График работоспособности кривошипного пресса. Моделирование работы кривошипного пресса позволяет решать задачу определения времени цикла для операций различной энергоемкости из условия номинальной нагрузки двигателя главного привода. Предварительно должна быть решена задача о выборе мощности двигателя и момента инерции маховика. Продолжительность цикла определяется моментом совпадения значений эквивалентного и номинального токов двигателя. В таблице 4 приведены результаты определения времени цикла и коэффициента использования ходов исследуемого пресса для случаев различной энергоемкости технологической операции при номинальной нагрузке двигателя привода, а на рис. 7 – построенный по данным таблицы 4 график работоспособности привода пресса. Расчеты выполнены для двигателя 7,5 кВт, 1440 об/мин. и маховика 47 кгм2. Энергоемкость операции изменялась пропорциональным уменьшением координат точек графика технологической силы.

При выполнении энергетических расчетов кривошипных прессов путем математического моделирования учитываются все энергозатраты, имеющие место в элементах пресса, представленных в его модели, потери энергии, связанные с упругим деформированием элементов, например, станины, с разгоном и торможением маховых масс, достоверно определяется КПД пресса. Энергозатраты учитываются как во время рабочего хода, так и во время холостых ходов и пауз в работе пресса. Энергетические расчеты могут быть выполнены и для случаев составных циклов, например, при многооперационной штамповке. Изложенные подходы к выполнению энергетических расчетов остаются в силе и для случаев оснащения вспомогательными устройствами, приводимыми от двигателя главного привода, например, подачами, для случаев кривошипных автоматов любой сложности при условии достаточной полноты их представления в математической модели.

Таблица 4

№№	Энергоемкость операции, Дж	Продолжительность цикла, с	Коэффициент использования ходов %
1	35228,3	21,06	19,0
2	28543,9	12,29	32,5
3	22554,2	7,23	55,3
4	17269,2	4,0	100
5	18124,6	Автоматические хода	

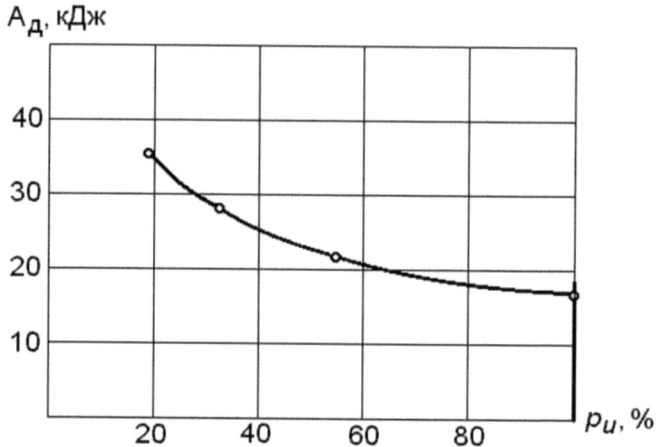

Рис. 7

54

Основные выводы.

1. Математическое моделирование работы кривошипного пресса позволяет осуществлять расчёт мощности двигателя и момента инерции маховика на основе прямого использования метода эквивалентного тока, как наиболее точного из известных.

2. Математическое моделирование работы кривошипного пресса позволяет осуществлять расчёт затрат энергии во всех диссипативных элементах пресса и определять баланс энергозатрат.

3. Математическое моделирование работы кривошипного пресса позволяет осуществлять расчёт времени цикла пресса для операций различной энергоёмкости при работе двигателя привода пресса в номинальном режиме.

ЛИТЕРАТУРА

1. Электрооборудование кузнечно-прессовых машин: Справочник/В.Е. Стоколов, Г.С.Усышкин, В.М. Степанов и др.- М.: Машиностроение, 1981. – 304 с.

2. Харизоменов И.В. Электрооборудование кузнечно-штамповочных машин. – М.: Высш. шк., 1970. – 188 с.

3. Живов Л.И., Овчинников А.Г., Складчиков Е.Н. Кузнечно-штамповочное оборудование: Учебник для вузов/Под ред. Л.И. Живова. –М.: Изд-во МГТУ им. Н.Э. Баумана, 2006. – 560 с.

4. Кузнечно-штамповочное оборудование: Учебник для машиностроительных вузов/ А.Н. Банкетов, Ю.А.Бочаров, Н.С.Добринский и др.; Под ред. А.Н.Банкетова, Е.Н. Ланского.-М.: Машиностроение, 1982 – 576 с..

——— ооо ———

Складчиков Е.Н.

Электромеханическая система включения кривошипного пресса

Системы включения современных кривошипных прессов содержат фрикционную муфту и тормоз, включаемые сжатым воздухом с помощью пневматических цилиндров. Такое конструктивное решение имеет ряд существенных недостатков. Пресс использует энергию двух видов: электрическую и энергию сжатого воздуха. Для обеспечения пресса сжатым воздухом необходимы мощная компрессорная станция, цеховая пневмосеть. Выпуск воздуха из цилиндра привода муфты сопровождается значительным шумовым эффектом. Сжатый воздух при подготовке к использованию насыщается масляными парами, которые, в конечном счете, оказываются в атмосфере производственного помещения. Всё это существенно ухудшает экологию. Кроме того, энергия сжатого воздуха является весьма дорогостоящей.

Для преодоления перечисленных недостатвков возможен отказ от использования для привода включения муфты и тормоза пневматических цилиндров в пользу электромеханического привода [1]. Конструктивная схема такого привода показана на рис. 1. Привод содержит асинхронный двигатель 1, который через редуктор 2, винт 3 и гайку 4 винтовой пары перемещает в осевом направлении нажимной диск муфты 5, штангу 6, размещённую в эксцентриковом валу (кривошипе) 7, и через штангу – диск тормоза 8 с фрикционной накладкой 9, осуществляя тем самым включение муфты. Корпус муфты 11 является её ведущим элементом и получает вращение от привода пресса, выполненного по любой из известных схем. В корпусе муфты смонтированы снабжённые фрикционными накладками ведомые 12, 14 и ведущие 13, 15 диски. Размыкание дисков муфты и её выключение осуществляется пружинами 16. Винт и гайка винтовой пары имеют ограничение перемещения относительно друг друга. Перемещение винта относительно гайки в направлении, показанном стрелкой ω, ограничивается смыканием дисков муфты; перемещение в обратном направлении – упорами в винтовой паре.

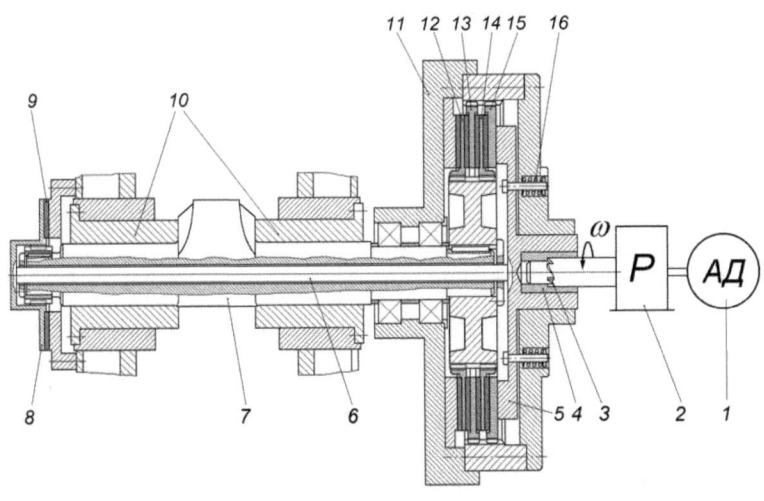

Рис. 1

Работа пресса с электромеханической системой включения осуществляется следующим образом. Включается главный привод пресса, при этом корпус муфты приводится во вращение. Двигатель электромеханической системы включения 1 через редуктор 2 приводится во вращение от двигателя главного привода. Подача электрического напряжения на двигатель 1 отсутствует, и он вращается в режиме холостого хода. Передаточное число редуктора 2 выбрано таким, что угловая скорость двигателя 1 несколько меньше его угловой скорости номинальном режиме. Момент на вал редуктора передаётся упорами винтовой пары, гайка и винт которой вращаются с одинаковой скоростью в направлении, показанном стрелкой ω. Для выполнения цикла штамповки включается двигатель 1. Он развивает момент, при котором винт 3 получает большую угловую скорость, чем гайка 4. Последняя получает осевоё перемещение, результатом которого является смыкание дисков муфты 11-14 и размыкание диска тормоза 8. Ведомые части привода пресса получают вращение, и выполняется двойной ход ползуна пресса. Перед приходом ползуна пресса в верхнее положение двигатель 1 отключается, винт 3 начинает двигаться со скоростью меньшей скорости гайки 4, в результате чего размыкаются диски муфты, замыкается

57

диск тормоза и ведомые части привода пресса, включая и ползун, останавливаются. Вращение двигателя 1 перед включением предотвращает его работу в пусковом режиме, который является "тяжёлым" для асинхронных двигателей.

Анализ работы кривошипного пресса с электромеханической системой включения выполнен с помощью математического моделирования с привлечением программного комплекса анализа динамических систем Ра9 [2]. В качестве объекта анализа выбран кривошипный горячештамповочный пресс с номинальной силой 25МН. Топология пресса на входном языке комплекса Ра9 представлена на рис. 2 и 3 в четырёх фрагментах. На рис. 2 показаны фрагменты "ПРИВОД ПРЕССА" и "ЭЛЕКТРОМЕХАНИЧЕСКАЯ СИСТЕМА ВКЛЮЧЕНИЯ", на рис. 3 – фрагменты "ГЛАВНЫЙ ИСПОЛНИТЕЛЬНЫЙ МЕХАНИЗМ" и "СИСТЕМА УПРАВЛЕНИЯ ЦИКЛОМ". Поэлементное соответствие пресса и его модели показано в таблице 1. Двигатель электромеханической системы включения 1 выбран мощностью 5,5 КВт и синхронной частотой вращения 750 об/мин., средний диаметр винтовой пары – 100 мм, ход винтовой пары – 5 мм. Передаточное число редуктора 2 выбрано равным 14.

На рис. 4 показаны результаты математического моделирования четырёх циклов, на рис. 5 – первого из четырёх цикла работы пресса. Моделирование показало устойчивость работы пресса с электромеханической системой включения. Частота вращения двигателя 1 перед его включением составила 663,2 об/мин. Затраты энергии двигателя электромеханической системы включения на один цикл работы пресса составили 18571 Дж. Соответствие эквивалентного тока двигателя электромеханической системой включения его номинальному току говорит о правильности выбора его номинальной мощности. традиционной системой включения.

Для подтверждения экономии энергии пресса с электромеханической системой включения было выполнено математическое моделирование работы пресса с традиционной системой включения. В математическую модель были включены элементы компрессорной станции. В обычных условиях компрессорная станция обслуживает большое число потребителей сжатого воздуха. Для преодоления неопределённости этих условий энергетические и конструктивные параметры компрессорной станции были выбраны минимально необходимыми для обслуживания одного пресса, выбранного в качестве объекта моделирования. Топология пресса и обслуживающей его компрессорной станции показа-

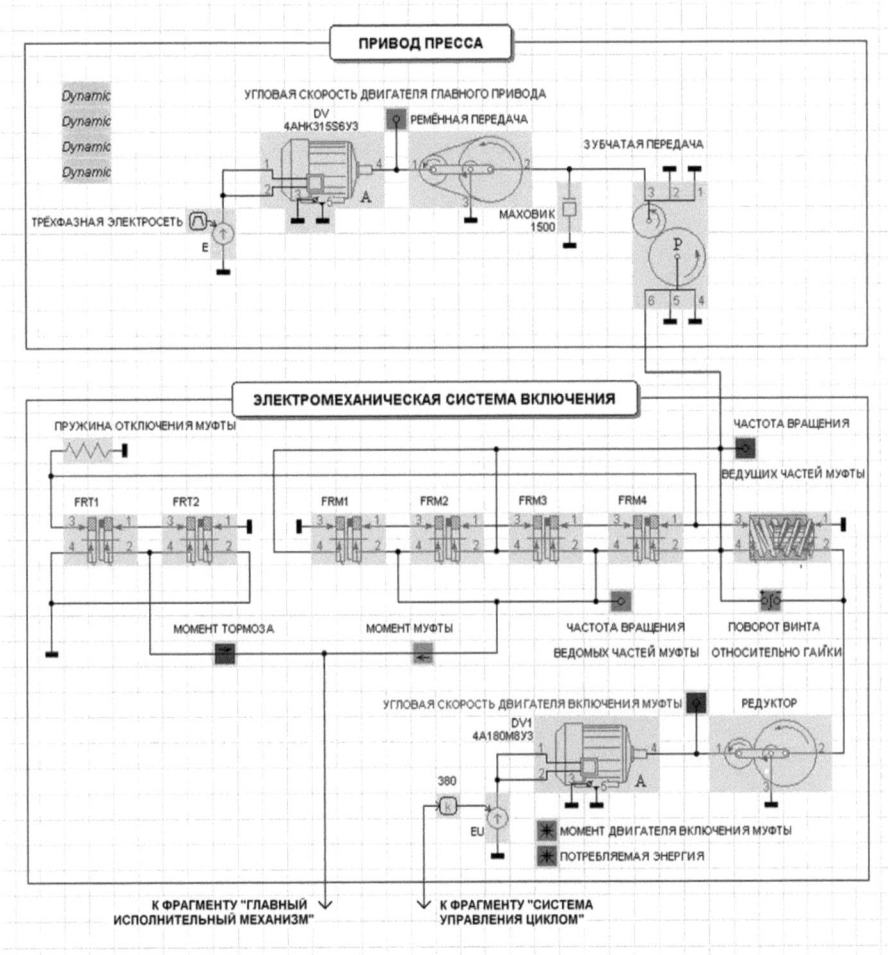

Рис. 2

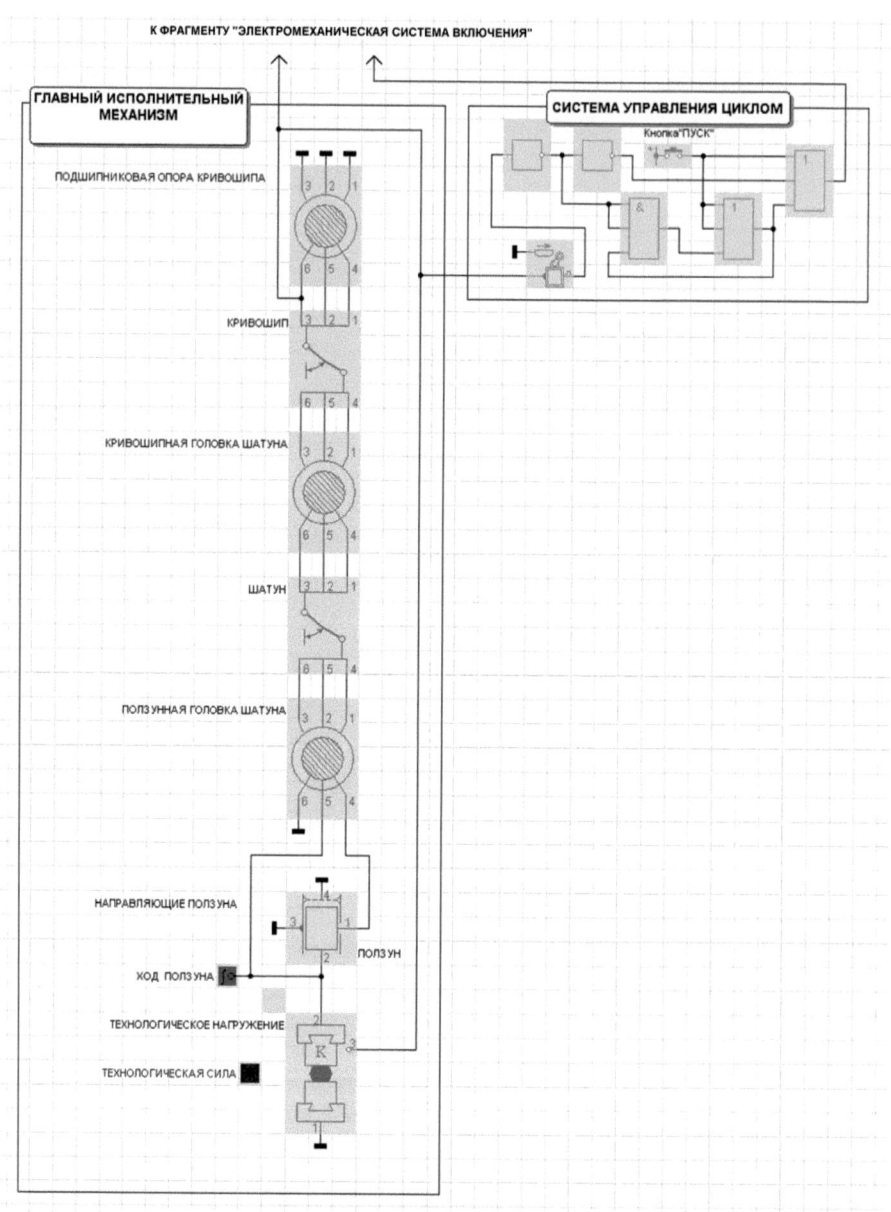

Рис. 3

	Но-мер эле-мента на рис.1	Элемент	Обозначение элемента на топологии (рис. 2)	Имена при-влечен-ных моделей [2]
ПРИВОД ПРЕССА	-	Источник питания	E	V
	-	Двигатель главного привода асинхронный	DV 4АНК315S6У3	DVA
	-	Ремённая передача	РЕМЁННАЯ ПЕРЕДАЧА	RP
	-	Маховик	МАХОВИК 1500	M
	-	Зубчатая передача	ЗУБЧАТАЯ ПЕРЕДАЧА	ZACPCN
ЭЛЕКТРОМЕХАНИЧЕСКАЯ СИСТЕМА ВКЛЮЧЕНИЯ		Управляемый источ-ник питания	EU	V
	1	Двигатель системы включения асинхрон-ный	DV1 4А180М8У3	DVA
	2	Редуктор	РЕДУКТОР	RDN
	3,4	Винтовая пара с упо-ром	ВИНТОВАЯ ПАРА УПОР ВИНТОВОЙ ПАРЫ	VNTPR, UPRL
	8,9	Тормоз	FRT1, FRT2	FRMT
	11-15	Муфта	FRM1-FRM4	FRMT
	16	Пружина	ПРУЖИНА ОТ-КЛЮЧЕНИЯ МУФТЫ	К
ГЛАВНЫЙ ИСПОЛНИ-ТЕЛЬНЫЙ МЕХАНИЗМ	10	Подшипниковая опо-ра кривошипа	ПОДШИПНИКОВАЯ ОПОРА КРИВОШИПА	SHARN2
	7	Кривошип	КРИВОШИП	BALKA2
	-	Кривошипная головка шатуна	КРИВОШИПНАЯ ГОЛОВКА ШАТУНА	SHARN2
	-	Шатун	ШАТУН	BALKA2
	-	Ползунная головка шатуна	ПОЛЗУННАЯ ГОЛОВКА ШАТУНА	SHARN2
	-	Ползун	ПОЛЗУН	NPR
	-	Технологическая сила	ТЕХНОЛОГИЧЕСКОЕ НАГРУЖЕНИЕ	TNGK

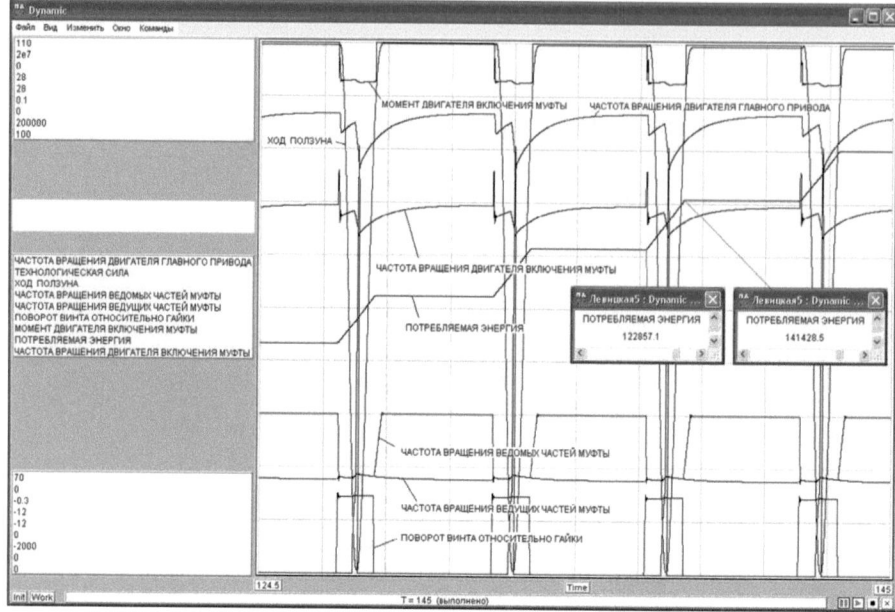

Рис. 4

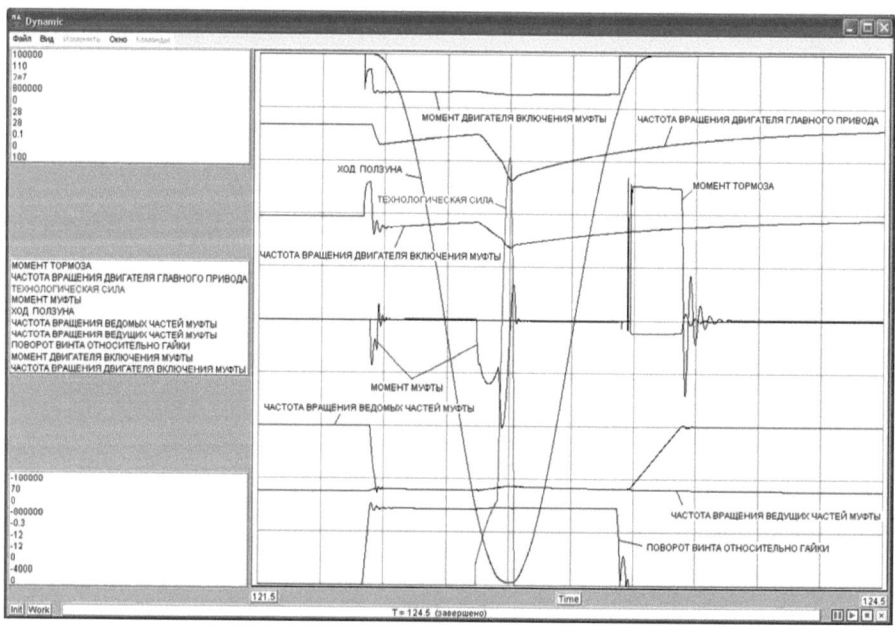

Рис. 5

на в четырёх фрагментах на рис. 6 и 7. На рис. 6 представлены фрагменты "ПРИВОД ПРЕССА" и "ПНЕВМАТИЧЕСКАЯ СИТЕМА ВКЛЮЧЕНИЯ", на рис. 7 – фрагменты "ГЛАВНЫЙ ИСПОЛНИТЕЛЬНЫЙ МЕХАНИЗМ" и "КОМПРЕССОРНАЯ СТАНЦИЯ". Поэлементное соответствие комплекса пресса с компрессорной станцией и его модели показано в таблице 2. Результаты моделирования приведены на рис. 8-10. На рис. 8 показан процесс первичного заряда ресивера компрессорной станции и его подзарядки при выполне-

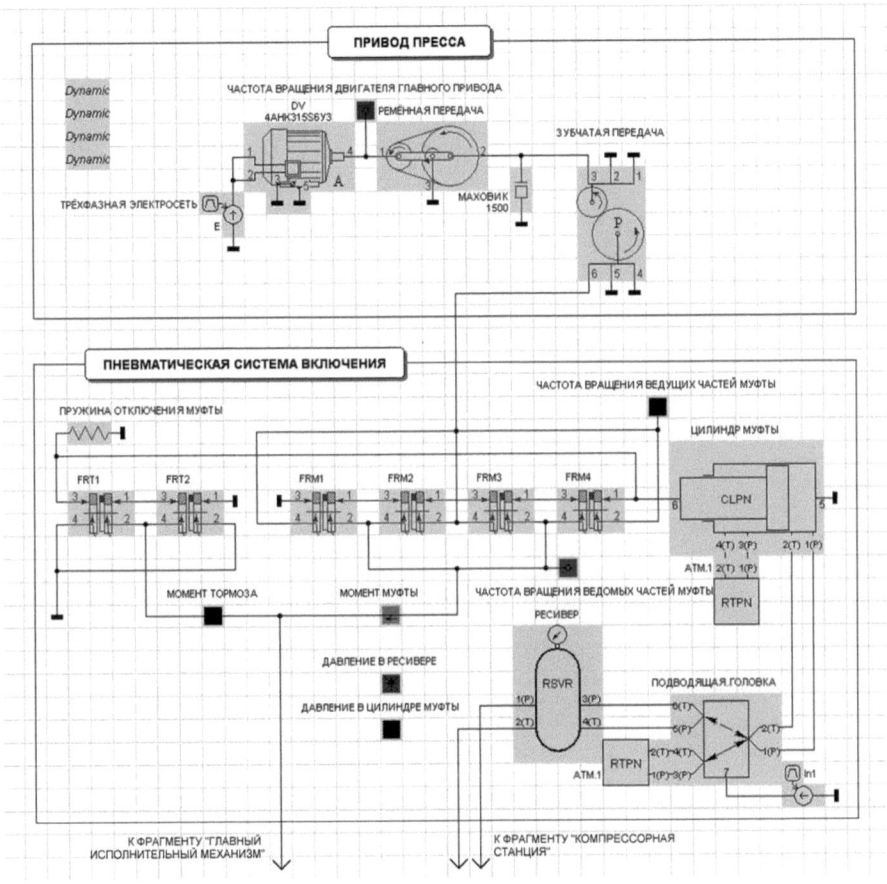

Рис. 6

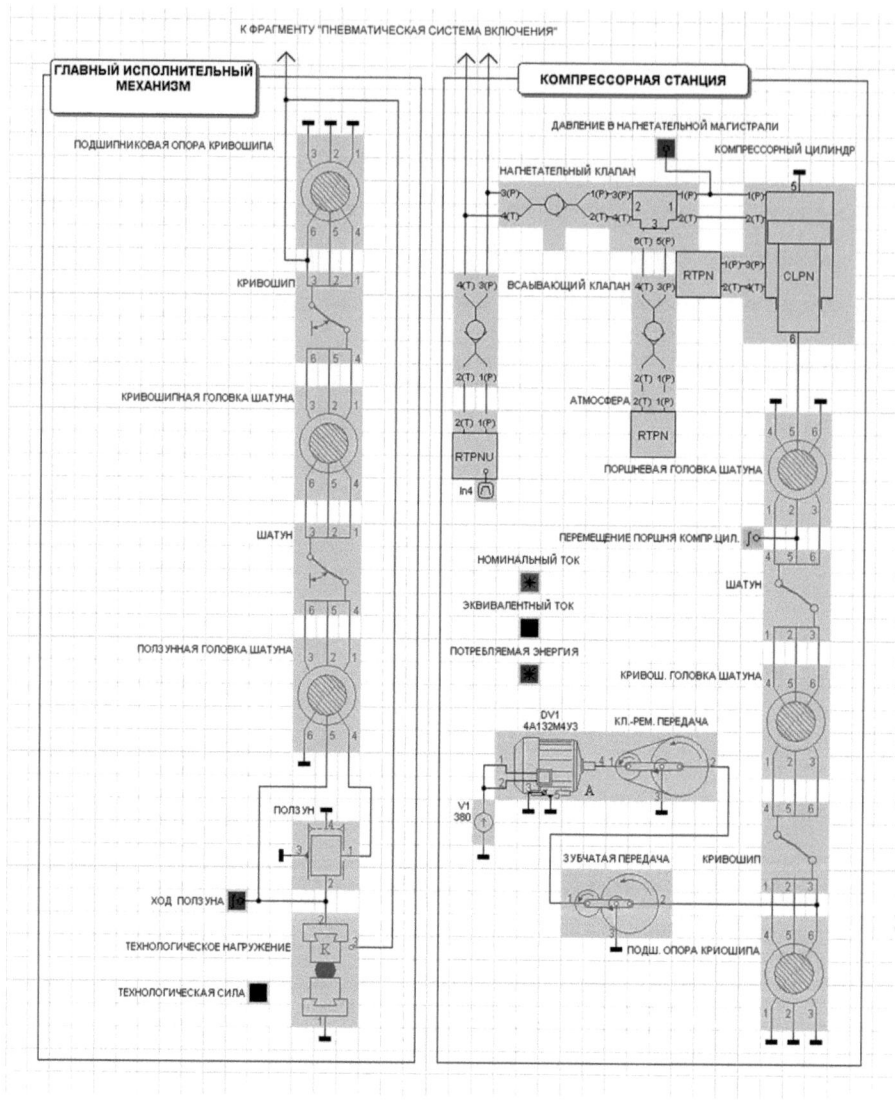

Рис. 7

нии четырёх циклов работы пресса. На рис 9 показаны результаты моделирования тех же четырёх циклов работы самого пресса, на рис. 10 – второго из них. Затраты энергии двигателя привода компрессорной станции для традиционной системы включения на один цикл работы пресса составили 29623 Дж.

Таблица 2

	Элемент	Обозначение элемента(ов) на топологии (рис. 5)	Имена привлеченных моделей [2]
ПНЕВМАТИЧЕСКАЯ СИСТЕМА ВКЛЮЧЕНИЯ	Цилиндр муфты	ЦИЛМНДР МУФТЫ	CLPN
	Золотник включения муфты	ПОДВОДЯЩАЯ ГОЛОВКА	RP32PN
	Ресивер	РЕСИВЕР	RSVR
КОМПРЕССОРНАЯ СТАНЦИЯ	Двигатель асинхронный	DV1 4А132М4У3	DVA
	Клиноремённая передача	КЛ.-РЕМ. ПЕРЕДАЧА	RMP
	Редуктор	ЗУБЧАТАЯ ПЕРЕДАЧА	ZACPCN
	Подшипниковая опора кривошипа	ПОДШ. ОПОРА КРИВОШИПА	SHARN2
	Кривошип	КРИВОШИП	BALKA2
	Кривошипная головка шатуна	КРИВОШ. ГОЛОВКА ШАТУНА	SHARN2
	Шатун	ШАТУН	BALKA2
	Поршневая головка шатуна	ПОРШНЕВАЯ ГОЛОВКА ШАТУНА	SHARN2
	Компрессорный цилиндр	КОМПРЕССОРНЫЙ ЦИЛИНДР	CLPN
	Всасывающий клапан	ВСАЫВАЮЩИЙ КЛАПАН	KLOBPN
	Нагнетательный клапан	НАГНЕТАТЕЛЬНЫЙ КЛАПАН	KLOBPN

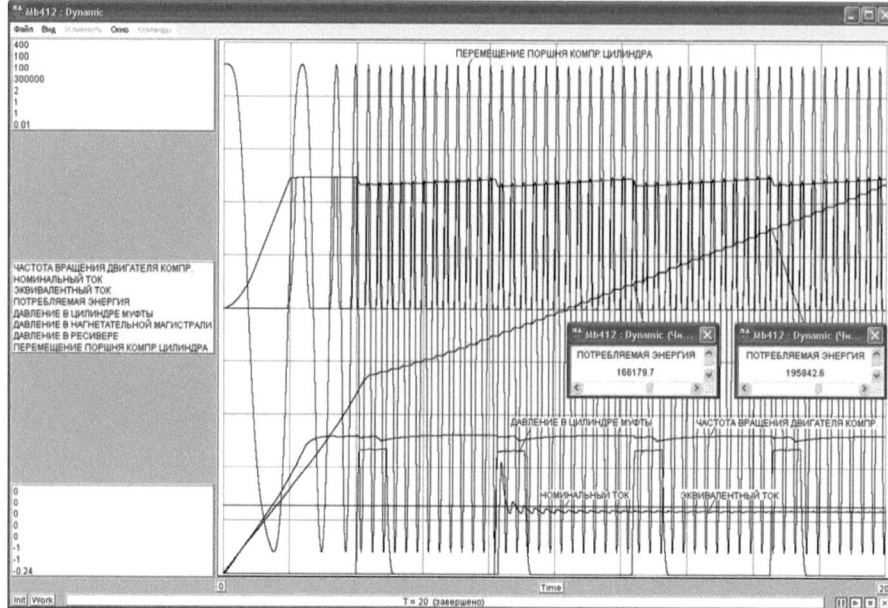

Рис. 8

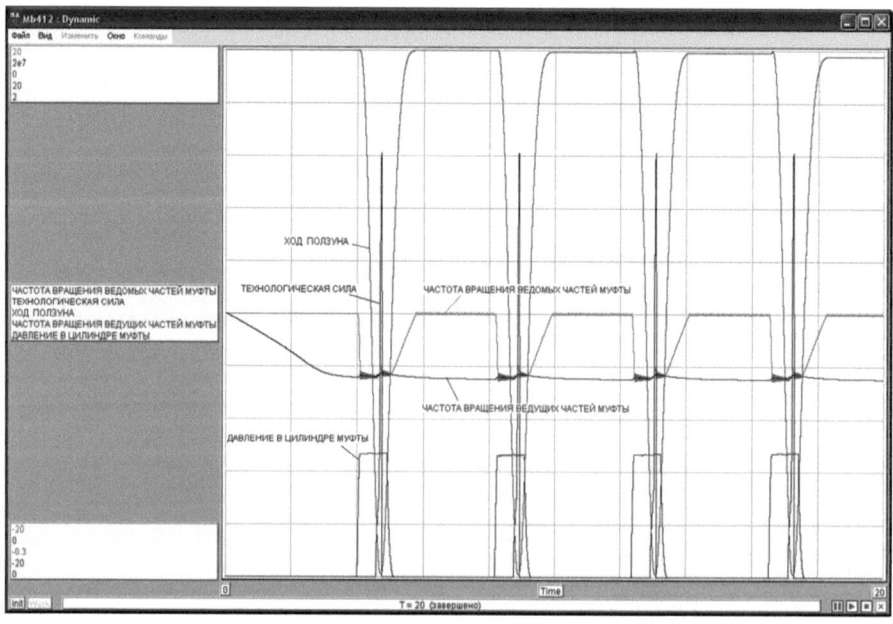

Рис. 9

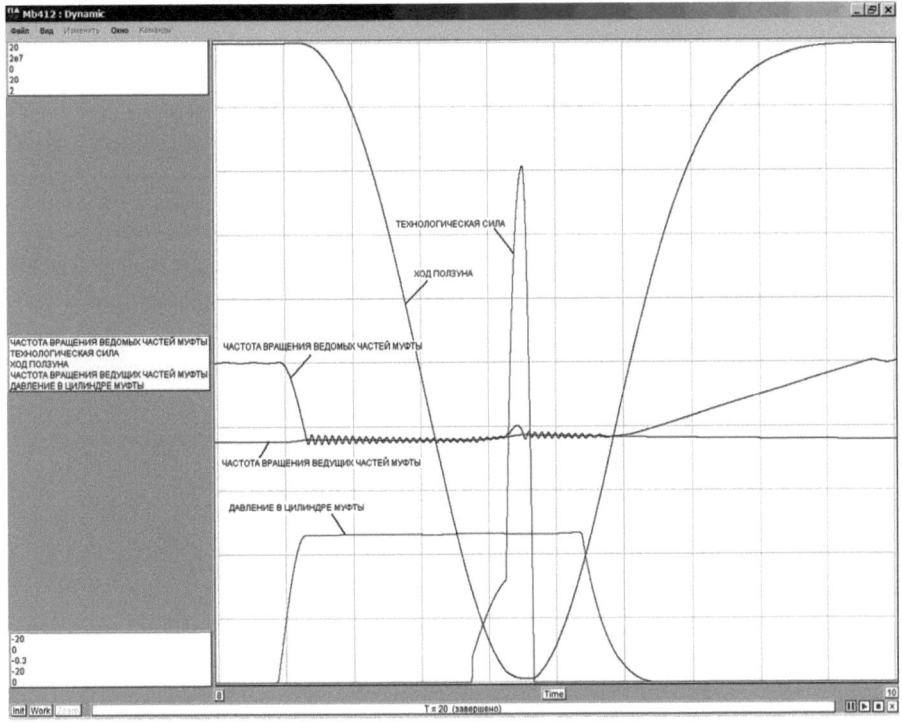

Рис. 10

Основные выводы.

1. Математическое моделирование подтверждает работоспособность кривошипного пресса с электромеханической системой включения и возможность преодоления недостатков, свойственных традиционной системе включения кривошипных прессов.

2. Расход энергии электромеханической системы на один цикл работы пресса составляет 63% от расхода энергии для традиционной системы включения.

Литература

1. Горизонтально-ковочная машина. Патент РФ № 2310540 от 02.12.2005.

2. Живов Л.И., Овчинников А.Г., Складчиков Е.Н. Кузнечно-штамповочное оборудование: Учебник для вузов/Под ред. Л.И. Живова. – М.: Изд-во МГТУ им. Н.Э. Баумана, 2006. – 560 с.

Printed by Books on Demand GmbH, Norderstedt / Germany